Anweisung für die Planung, Ausführung und Unterhaltung von Dränanlagen

Herausgegeben vom

Preußischen Landwirtschaftsministerium

Mit 13 Anlagen

Fünfte neubearbeitete Auflage

Springer-Verlag Berlin Heidelberg GmbH 1934

Additional material to this book can be downloaded from http://extras.springer.com

ISBN 978-3-662-35853-5   ISBN 978-3-662-36683-7 (eBook)
DOI 10.1007/978-3-662-36683-7

Softcover reprint of the hardcover 5th edition 1934

Inhaltsverzeichnis.

---

[1] Die Vorschriften gelten für alle Dränungen öffentlich-rechtlicher Körperschaften und sinngemäß auch für staatliche Dränungen.

Sachverzeichnis.

Einleitung.

Dränanlagen sind künstliche unterirdische Abzüge, die den Zweck
haben, die für das Wachstum der Nutzpflanzen schädliche Nässe zu
beseitigen, dadurch das Gefüge des Bodens zu verbessern und seine
Durchlüftung und Erwärmung zu fördern. Der Mineralboden er-
fährt durch die Drängräben und in ihrer Nähe auch durch die Wirkung des Frostes eine wertvolle Auflockerung, die der Krümel-
bildung dienlich ist. Die tieferen Bodenschichten und dort vorhandene natürliche Bodennährstoffe werden für die Pflanzenwurzeln
erschlossen, auch Stall- und Kunstdünger besser ausgenutzt. Der Boden wird entsäuert, die Tätigkeit der Bodenbakterien angeregt. Durch
die Möglichkeit einer früheren Bestellung wird die Wachstumszeit
verlängert, die Bestellung selbst, namentlich bei schweren Böden,
erleichtert und die Bewirtschaftung durch Fortfall von Gräben ver-
einfacht. Der Ersatz von Gräben durch Dräne beseitigt Unkräuter
und Pflanzenschädlinge, die gerade an den Grabenrändern üppig ge-
deihen, vergrößert die nutzbare Landfläche und verringert die Unter-
haltungskosten der Entwässerungsanlagen. Schließlich wird auch eine
bessere Ausnutzung der Niederschläge in der Wachstumszeit und häufig
eine ausgleichende Wirkung auf die Wasserführung der Vorfluter erreicht. So bringen die gedränten Flächen wesentlich höhere und gleich-
mäßigere Erträge als die ungedränten, besonders in nassen und normalen Jahren; aber auch in trockenen Jahren werden Mehrerträge erzielt.

Dränanlagen lassen sich nur dann sachgemäß und wirtschaftlich
ausführen, wenn ihnen ein Entwurf zugrunde liegt, der nach den
anerkannten Grundsätzen der Dräntechnik aufgestellt ist. Auch wird
die Prüfung der Entwürfe durch ihre einheitliche Bearbeitung erleichtert. Wertvoll sind ferner Anleitungen für die Ausführung der
Arbeiten und für die Unterhaltung der fertigen Anlagen.

Die maßgebenden Bestimmungen waren bisher in der sogenannten Schlesischen Anweisung[1] enthalten. Da die letzte, aus

---

[1] Anweisung für die Aufstellung und Ausführung von Dränageentwürfen.
Herausgegeben von der Königlichen General-Kommission für die Provinz Schlesien.
Vierte umgearbeitete Auflage. Berlin: Julius Springer 1911.

dem Jahre 1911 stammende Auflage vergriffen ist und die damals gegebenen Vorschriften durch die inzwischen gesammelten Erfahrungen zum Teil überholt sind, ist die vorliegende Neubearbeitung notwendig geworden.

Ihr Hauptteil befaßt sich mit der Dränung der Mineralböden einschließlich besonderer Ausführungen über die Dränung der Marschböden und über die Maulwurfdränung, während die Moorböden im zweiten Teil behandelt sind. Um die Verwendung der Anweisung für private Dränungen zu erleichtern, sind diejenigen Vorschriften, die nur für genossenschaftliche und staatliche Dränungen gelten, in einem dritten Teil besonders zusammengefaßt.

Abweichungen von dieser Dränanweisung sind nur in Ausnahmefällen zulässig und müssen begründet werden.

I. Die Dränung der Mineralböden.

A. Feldaufnahmen.

§ 1. Flächenmessungen.

(1) Als Lagepläne (§ 16) dienen in der Regel Abzeichnungen Kataster-
karte oder Abdrucke der Katasterkarte. Sie sind mit der Örtlichkeit zu vergleichen und nötigenfalls zu berichtigen und zu ergänzen.

(2) Für die Bearbeitung des Entwurfs muß der Lageplan ent= Inhalt des
Lageplans halten: die Grenzen der Gemarkungen, Kartenblätter (Fluren) und Parzellen, die Parzellennummern, Eigentumsgrenzen (§ 38 Abs. 3), die im Felde ermittelten Kulturarten (Anl. G) des Drängebiets und seiner unmittelbaren Umgebung, die als Vorfluter dienenden Wasserläufe und Gräben, die Quellen, Deiche, Wege, Straßen und Eisenbahnen mit allen Bauwerken, die Umrisse der Ortschaften, einzeln stehende Gebäude, Kiesgruben, Steinbrüche, Bäume, Hecken, ober= und unterirdische Leitungen, Festpunkte, Pegel und Bodenunter= suchungsstellen (§ 17 Abs. 2).

§ 2. Höhenmessungen[1].

(1) Die Höhenlage des Geländes ist festzustellen, soweit es zum Gelände Entwerfen der Höhenlinien nötig ist (§ 16 Abs. 2).

(2) Alle Höhenmessungen sind an sichere Festpunkte, z. B. die Festpunkte der Landesaufnahme, anzuschließen und möglichst auf Normalnull zu beziehen. Wenn eine lange Anschlußhöhenmessung hohe Kosten erfordert, sind zwei unverrückbare und dauerhafte Festpunkte in der Nähe zu wählen. Zwischenfestpunkte sind nach Bedarf einzuschalten.

(3) Bei der Aufnahme von Vorflutern (§ 18 und 19) sind die Vorfluter Sohle und die Ufer in Abständen von mindestens 50 m und, wenn es zum Prüfen der Vorflut oder zum Berechnen des Bodenaushubs erforderlich ist, auch die Querschnitte einzumessen. Sind ausge= sprochene schmale Uferrehnen vorhanden, so ist auch die Gelände= höhe unmittelbar neben der Rehne festzustellen. An Brücken und

---

[1] Vgl. auch § 22 Abs. 2.

Durchlässen ist ferner die Höhenlage der Bauwerkunterkante, die Lichtweite und Gründungsart des Bauwerks sowie die Befestigung und Höhe der Bauwerksohle zu ermitteln. Häufig sind Vorfluter=strecken auch noch unterhalb des Drängebiets aufzunehmen, wenn die Vorflut nicht gesichert scheint.

Wasserstände   (4) Es empfiehlt sich, zuverlässige Hochwassermarken und den Grundwasserstand in den Schürfgruben an die Höhenmessung anzu=schließen.

§ 3. Bodenuntersuchungen.

Bedeutung   (1) Den Bodenuntersuchungen muß ganz besondere Aufmerk=samkeit gewidmet werden, weil die Beschaffenheit des Bodens von großem Einfluß auf die Dränabstände und Dräntiefen ist und diese wiederum entscheidend sind für die Kosten und die Wirkung der gesamten Dränung.

Geologische Karten   (2) Bevor mit den Untersuchungen begonnen wird, sind etwa vorhandene geologische Karten mit den zugehörigen Bohrergebnissen einzusehen.

Umfang   (3) Je wechselnder der Boden ist, um so engmaschiger sind die Untersuchungen durchzuführen; bei stark wechselndem Boden sind mehrere Untersuchungen je Hektar erforderlich. Die Untersuchungen sollen ein klares Bild von der Verteilung der Bodenarten an der Oberfläche und im Untergrunde sowie von der Wasserführung des Bodens ergeben. Das ist jedoch bei erheblich wechselnden Böden oft erst dann zu erreichen, wenn die Drängräben der Sammler und einzelner Sauger hergestellt sind (§ 22 Abs. 4). Wichtig ist die An=ordnung der Bodenuntersuchungstellen in Längs= und Querschnitten des Geländes[1]. Häufig wird es zweckmäßig sein, dem Dränplan eine besondere Bodenkarte (§ 17) zugrunde zu legen, die dann bereits während der Feldaufnahmen zu entwerfen ist.

Schürf-gruben und Bohrlöcher   (4) Den sichersten Einblick in die Beschaffenheit des Bodens und in die Grundwasserverhältnisse vermitteln die Schürfgruben; sie sind daher bei keinem Dränentwurf zu entbehren. Die Rücksicht auf die Kosten verlangt jedoch eine um so stärkere Verwendung des Erd=bohrers, je mehr Untersuchungen auf der Flächeneinheit erforder=lich sind. Zu beginnen ist mit den Bohrungen. Die Schürfgruben sind dann auf Grund der Bohrergebnisse auf die bodenkundlich ver=

---

[1] Bei zuverlässigem Schrittmaß genügt die Festlegung der Stellen durch Ab=schreiten.

schiedenen Flächen (Bodenflächen; § 17 Abs. 3) so zu verteilen, daß sie einen guten Aufschluß über das ganze Drängebiet ergeben. Das Ergebnis der Schürfgruben kann dazu führen, das gesamte Boden= bild noch durch weitere Bohrlöcher zu vervollständigen. Es empfiehlt sich, durch Bohrungen auf der Sohle der Schürfgruben auch die Beschaffenheit der tieferen Schichten festzustellen.

(5) Jede Bodenuntersuchung muß die Reihenfolge und Stärke der einzelnen Bodenschichten in der Regel bis etwa 1,5 m Tiefe erkennen lassen. Der Stand des Grundwassers ist zumindest in den Schürfgruben zu ermitteln. Dabei ist zu beachten, daß sich in schwerdurchlässigen Böden der Wasserstand der Schürfgruben erst nach längerer Zeit mit dem Grundwasser ausspiegelt. Zwischen= gelagerte durchlässige und undurchlässige Schichten, Triebsand[1], Eisenverbindungen, pflanzenschädliche Bodenarten (Maibolt, Ort= stein), Kalkgehalt und Steine sind besonders zu vermerken. In den Schürfgruben ist auch festzustellen, ob Bodenhorizonte vorkom= men, ferner sind Untersuchungen über die Lagerungsdichte des Bodens, über Bodenrisse und Durchwurzelung erwünscht (Anl. A). Für jede Untersuchung sind der Tag der Aufnahme und die Witte= rungsverhältnisse der letzten Zeit anzugeben. Aus den Schürfgruben sind Proben der hauptsächlich vorkommenden Bodenarten zu ent= nehmen und mindestens bis zur Fertigstellung des Entwurfs auf= zubewahren.

(6) Das Beurteilen der Bodenarten ist in Anlage A behandelt. Wenn es besonders schwierig ist, sind Bodenproben nach Vorschrift dieser Anlage zu entnehmen und an eine kulturtechnische Unter= suchungstelle einzusenden, damit ein besserer Anhalt für die Wahl der Dränabstände und Dräntiefen gewonnen wird. Es empfiehlt sich, eine Bodensammlung anzulegen, um die zu untersuchenden Böden mit ihr vergleichen zu können.

§ 4. Besondere Feststellungen.

(1) Die schädliche Bodennässe läßt sich nur dann sachgemäß und möglichst wirtschaftlich beseitigen, wenn ihre Ursachen bekannt sind. Diese müssen bereits bei den Feldaufnahmen für die einzelnen Flächenteile ermittelt werden. Es ist zweckmäßig, sich dazu vorher

---

[1] Auch Fließ= oder Schwemmsand genannt. Die Bezeichnungen deuten an, daß die in Frage kommenden feinen Sande (Schliefsande) in wassergesättigtem Zustande stets beweglich sind.

über die Niederschlagverhältnisse zu unterrichten. Folgende Ursachen sind grundsätzlich zu unterscheiden:

1. Stellenweiser und oft nur zeitweiser Andrang von Fremdwasser (Quellen, Druckwasser, Qualmwasser[1]).

2. Ein zu hoher Grundwasserstand, der in durchlässigen Böden meistens auf unzureichende Vorflut zurückzuführen ist. Bei ausreichender Vorflut pflegt er namentlich dann zu entstehen, wenn ein schwerdurchlässiger Untergrund in geringer Tiefe unter einer durchlässigen Oberschicht liegt und das Sickerwasser sich infolgedessen auf dem Untergrunde ansammelt.

3. Zu langsame Versickerung der Niederschläge in schwerdurchlässigen Böden auch bei tiefem Grundwasserstand.

Boden-
horizonte

(2) Anhaltspunkte für die Ursachen der schädlichen Bodennässe können auch durch etwa vorhandene Bodenhorizonte (Anl. A) gewonnen werden. Ein B-Horizont läßt vermuten, daß die Vernässung in der Hauptsache von versickernden Niederschlägen herrührt, während ein flach liegender G-Horizont die Annahme rechtfertigt, daß die Bodennässe vorwiegend auf den Andrang von Grundwasser zurückzuführen ist; der G-Horizont kennzeichnet im allgemeinen zugleich die Lage der gewöhnlichen Grundwasseroberfläche.

Weitere Ermittlungen

(3) Zu ermitteln sind ferner alte Dränungen, Bearbeitungs- und Düngungsmaßnahmen, der Kulturzustand des Bodens, die häufigsten Anbaufrüchte, die Ernteerträge und ihre Beeinflussung durch die Witterung, Auswinterungstellen, tiefwurzelnde Unkräuter[2], Pflanzenbestände, die für die Bodenart und die Wasserverhältnisse kennzeichnend sind (Leitpflanzen), der Überschwemmung ausgesetzte sowie besonders feuchte Flächenteile[3]. Durch angrenzende Wälder und Gewässer werden bisweilen die Wind- und Feuchtigkeitsverhältnisse des Drängebietes beeinflußt.

(4) Bei allen wichtigen Untersuchungen der Paragraphen 3 und 4 sind die örtlichen Erfahrungen der beteiligten Landwirte festzustellen.

Feldbücher

(5) Die Feldbücher sind aufzubewahren.

---

[1] Qualmwasser ist Druckwasser, das in der Nähe oberirdischer Gewässer von diesen verursacht wird.

[2] Schachtelhalm, Schilf, Sauerampfer, Wiesenknopf, Huflattich u. andere.

[3] Im Frühjahr an der dunkleren Färbung zu erkennen.

B. Bearbeitung der Entwürfe.

a) Technische Grundsätze.

§ 5. Umfang der Dränung.

(1) Bei jeder Entwurfbearbeitung ist zunächst zu bestimmen, welche Flächen voll, teilweise oder überhaupt nicht zu dränen sind. Dabei müssen die Bodenbeschaffenheit, das Geländegefälle, die Vorflutverhältnisse und die Ursachen der Bodennässe berücksichtigt werden.

(2) Eine Volldränung ist fast stets in schweren Böden erforderlich. Auch ist sie fast immer dann zweckmäßig, wenn eine durchlässige Krume auf schwer durchlässigem Untergrunde liegt. Doch ist eine Einsparung von Saugern auf Flächenteilen, die weniger unter Nässe leiden, zu erwägen.

(3) Sofern Zweifel über die Notwendigkeit einer Volldränung bestehen, ist es angebracht, schrittweise vorzugehen, d. h. die am meisten unter Bodennässe leidenden Stellen zuerst zu dränen und die Wirkung abzuwarten. Um später weitere Sauger nach Bedarf anschließen zu können, müssen die Sammler in der Regel von Anfang an die für eine Volldränung erforderliche Lichtweite erhalten. Dabei sind jedoch die Vorschriften über die geringsten zulässigen Wassergeschwindigkeiten in den Sammlern zu beachten (Anl. C).

(4) Teildränungen (§ 10) dienen zur Entwässerung einzelner nasser, z. B. quelliger Stellen (Bedarfdräne) sowie zum Abfangen des häufig an Hängen auftretenden Druckwassers (Fangdräne). Auch in diesen Fällen ist es meistens zweckmäßig, den Sammlern reichliche Lichtweiten zu geben, damit die Anzahl der Sauger nötigenfalls noch vergrößert werden kann.

(5) Flächen, die bei genügend durchlässigem Boden einen zu hohen Grundwasserstand haben, bedürfen meistens nur einer Vorflutverbesserung. Es empfiehlt sich, sie erst dann zu dränen, wenn die verbesserte Vorflut keine ausreichende Wirkung ergibt.

(6) Von der Dränung auszuschließen sind diejenigen Flächen, die so tief liegen, daß ihre Dränung eine unwirtschaftliche Erhöhung der Vorflutkosten bedingen würde. Es ist jedoch zulässig, kleine Flächen dieser Art ausnahmsweise mit 0,7 m tiefen Saugern zu entwässern (§ 9 Abs. 13).

§ 6. Vorflutanlagen.

(1) Die Beschaffung ausreichender Vorflut ist Vorbedingung für eine dauernde Wirkung der Dränung und somit für eine bleibende

Verbesserung der Grundstücke. In jedem Drängebiet muß außerdem für einen ausreichenden Abfluß des Oberflächenwassers, namentlich während der Schneeschmelze und bei Starkregen, Sorge getragen werden. Daher dürfen bestehende Vorflutgräben nur dann durch Dräne ersetzt werden, wenn der oberirdische Abfluß überall sicher= gestellt ist und wenn keine Bodenabschwemmungen zu befürchten sind. Oberirdisches Fremdwasser ist nötigenfalls durch Randgräben abzufangen.

Gelände- mulden, Schlucker

(2) Besondere Aufmerksamkeit erfordern die Geländemulden. Wenn ihre oberirdische Entwässerung durch Gräben schwierig oder unerwünscht ist, genügt bei flachen Mulden bisweilen die Herstel= lung einer Wasserfurche, die durchackert werden kann. Ausnahms= weise darf der oberirdische Abfluß kleiner Mulden auch durch Zwi= schenschaltung von Schluckern (§ 21 Abs. 3) einem Dränstrang zu= geführt werden. Die Schlucker sind, da leicht Bodenteile aus ihnen in die Dräne gelangen, nur an Sammler mit nicht zu schwachem Gefälle anzuschließen oder durch einen besonderen Dränstrang mit dem Vorfluter zu verbinden. Sie können ferner in etwa 0,5—1,0 m Abstand von einem Drän angeordnet werden, ohne mit diesem eine Verbindung zu erhalten; dadurch wird zwar ihre Wirkung verringert, aber auch die Gefahr beseitigt, daß die Dräne infolge der Schlucker versanden oder verschlammen.

Leistung der Vorfluter

(3) Die Gräben sollen im Acker die Winterhochwasser und im Grünlande die Sommerhochwasser bordvoll abführen; sie brauchen jedoch nicht imstande zu sein, auch die Ausuferung selten auftreten= der, besonders hoher Winter= oder Sommerhochwasser zu verhin= dern, wenn die Erfüllung dieser Forderung unwirtschaftlich hohe Kosten zur Folge haben würde. Durch die Abmessungen der Wasser= läufe und Gräben muß die Vorflut der Dränabteilungen bei einer genügenden Überdeckung der Sammler gewährleistet sein (§ 8 Abs. 7).

(4) Wenn das Sammelgebiet größer ist als 2 qkm, ist die Lei= stungsfähigkeit der Vorfluter, Brücken und Durchlässe nachzuweisen. Die Abflußspende ist nach den örtlichen Erfahrungen zu wählen. In Poldern muß auch die Belastung der Gräben durch Qualmwasser berücksichtigt werden. Bei Verwendung der Formel von Ganguillet und Kutter ist der Rauhigkeitsbeiwert $n = 0,030—0,035$ zu setzen.

Gefälle

(5) Das Sohlengefälle soll möglichst nicht kleiner als 0,3 v. T. sein. Allzu häufige, besonders scharfe Gefällewechsel sind unzweck= mäßig. In starkem Gefälle wird bei unzureichender Standfestigkeit

des Bodens eine Befestigung der Sohle und Böschungen erforder=
lich, wenn man es nicht vorzieht, oberhalb der Ausmündungen der
Sammler Sohlenabstürze oder Sohlenübergänge (§ 21 Abs. 2) her=
zustellen, die auch eine Kostenersparnis mit sich bringen können.

(6) Die Sohlenbreite ist im Flachlande nicht unter 0,5 m, im Sohlenbreite
übrigen nicht unter 0,4 m zu wählen.

(7) Die Böschungsneigung richtet sich nach der Standfestigkeit Böschungs-
des Bodens und soll in der Regel in bindigen Böden nicht steiler neigung
als 1 : 1, in Sandböden nicht steiler als 1 : 1,5 sein; Abweichungen
sind zu begründen. Auf Weiden mit ausreichendem Gefälle können
Gräben durch flache Mulden ersetzt werden.

(8) Es empfiehlt sich, die Sollhöhen der in schwachem Gefälle Sohlpfähle,
liegenden Vorflutersohlen in gewissen Abständen, namentlich aber Strecken-
an den Ausmündungen der Sammler und an den Gefällebrech= steine
punkten, durch Sohlpfähle oder Sohlschwellen festzulegen, sofern es
nicht bereits durch Brücken und Durchlässe ausreichend geschieht.
An den Vorflutern können Streckensteine zweckmäßig sein.

(9) Das Einleiten des Dränwassers in Senkbrunnen (§ 21 Abs. 9), Senk-
Kies= oder Sandgruben ist nur dann zulässig, wenn ein genügend brunnen
schnelles Versickern zu erwarten und nicht zu befürchten ist, daß die
Poren des Untergrundes sich schon nach kurzer Zeit zusetzen werden.
Dem läßt sich durch Anbringen eines Schlammfanges vor dem
Senkbrunnen begegnen.

(10) Vorflutdräne finden besonders dort Anwendung, wo das Vorflut-
Dränwasser nicht in offenen Gräben durch fremde Grundstücke ge= dräne
leitet werden soll. Sie sind zu dichten und zum Schutz gegen Frost
mindestens 0,8 m hoch zu überdecken. In langen Vorflutdränen
sind, namentlich an den Knickpunkten, Dränschächte anzuordnen
(§ 21 Abs. 4).

(11) Bei dem Entwerfen der Vorflutanlagen ist auch zu prüfen, Verände-
ob einer Veränderung des Abflusses rechtliche Bedenken entgegen= rung des
stehen. Abflusses

§ 7. Dränabteilungen[1].

(1) Bei Vorkommen von Triebsand oder eisenhaltigem Boden
sind die besonderen Vorschriften des Paragraphen 11 zu berücksichtigen.

(2) Alle Rohrstränge, die das Wasser nach einer gemeinsamen Aus= Begriff
mündung leiten, bilden eine Dränabteilung und entwässern die zu=
gehörige Abteilungsfläche. Bei der Entwurfbearbeitung sind in Ver=

---

[1] Früher Systeme genannt.

binbung mit den Vorflutern zunächst die Dränabteilungen zu ent=
werfen.

Allgemeine
Anordnung(3) Jede Dränabteilung ist der Oberflächengestaltung des Ge=
ländes und den Vorflutverhältnissen anzupassen. Dabei ist nament=
lich die Lage der Wasserscheiden zu beachten, die zumeist auch Grenzen
der Abteilungsflächen werden. Das Dränwasser ist auf möglichst
kurzem Wege den Vorflutern zuzuführen. Starke Richtungsände=
rungen der Sammler sind nach Möglichkeit zu vermeiden.

(4) Wenn in einem Geländeeinschnitte die Gefahr der Boden=
auswaschung besteht, kann es ratsam sein, zwei gleichlaufende Samm=
ler im Dränabstande, je einen auf jeder Seite des Einschnittes, zu
verlegen. Falls in flachen Mulden keine ausreichende Überdeckung
der Dränstränge möglich ist, können die Sammler gleichfalls seit=
lich angeordnet und die Sauger in die Mulde vorgetrieben werden,
so daß nur die oberen Enden der Sauger eine geringe Tiefe erhalten.

Größe(5) Die Größe der Dränabteilungen findet dadurch eine Grenze,
daß für die Dräne keine größeren Lichtweiten als 20 cm verwendet
werden sollen (Anl. B). Große Dränabteilungen haben gegenüber
kleinen den Vorteil einer geringen Zahl von Ausmündungen, be=
wirken eine bessere Spülung der Sammler und ermäßigen in der
Regel die Kosten der gesamten Dränung. Sie wirken jedoch dadurch
nachteilig, daß bei Störungen große Flächen in Mitleidenschaft ge=
zogen werden können. Wenn Abflußstörungen (§ 11) in den Drän=
rohren nicht zu befürchten sind, ist im Acker die Anwendung größerer
Abteilungen mit langen, beiderseitig der Sammler eingeführten
Saugern im allgemeinen zweckmäßig. Dagegen empfiehlt es sich,
sehr flache Drängebiete und Wiesen in kleineren Abteilungen zu
dränen. Beim Entwerfen der Abteilungen sind in der Regel zu=
nächst vorläufige Berechnungen der Hauptsammler durchzuführen.

Lage der
Ausmün=
dungen(6) Die Ausmündungen der Dränabteilungen sollen wegen der
Gefahr des Rückstaues möglichst nicht unmittelbar oberhalb von
Brücken, Durchlässen und Wehren angeordnet werden. Sie sind an
solche Stellen zu legen, die weder dem Abbruch noch der Verlandung
in größerem Maße ausgesetzt sind.

Weitere Ge=
sichtspunkte(7) Im übrigen sind beim Entwerfen der Dränabteilungen na=
mentlich die Vorschriften über die größte Länge, das Mindestgefälle
und die Tiefe der Sammler und Sauger zu beachten (§ 8 und 9).
Nach Möglichkeit ist Quer= oder Schrägdränung anzuwenden (§ 9
Abs. 2). Mit Baumreihen gleichlaufende Sammler müssen von

diesen einen ausreichenden Abstand erhalten (§ 11 Abs. 7). Vorfluter, Straßen und stark befahrene Wege sollen durch Sauger nicht gekreuzt werden (§ 9 Abs. 4)[1].

§ 8. Sammler.

(1) Die besonderen Entwurfmaßnahmen gegen Abflußstörungen in den Dränrohren, namentlich bei Vorkommen von Triebsand oder eisenhaltigem Boden, sind im Paragraphen 11 behandelt.

(2) Sammler, die am Rande des Drängebiets gleichlaufend mit seiner Grenze verlegt werden sollen, sind bis auf halben Dränabstand an die Grenze heranzuführen. Man vergleiche auch Paragraph 9 Absatz 3. — *Lage*

(3) Die Länge der Haupt- und Nebensammler, die ohne Unterbrechung durch Dränschächte 1000 m möglichst nicht überschreiten soll, ist abhängig von den örtlichen Verhältnissen und der größten zulässigen Lichtweite der Rohre (Anl. B). — *Länge*

(4) Doppeldräne, d. s. zwei Rohrstränge nebeneinander in demselben Graben, dürfen nicht angewendet werden; nötigenfalls sind zwei gleichlaufende Sammler im Abstande der Sauger anzuordnen. — *Doppeldräne*

(5) Bei dem Kreuzen von Sammlern mit Vorflutern, Straßen und Wegen sind, sofern es sich nicht um wenig befahrene Wirtschaftswege handelt, gedichtete Rohre (z. B. Tonmuffenrohre) zu verwenden (§ 23 Abs. 5). Das Verlegen von Dränrohren im Zuge bestehenbleibender Gräben ist unzulässig. — *Kreuzen von Vorflutern und Wegen*

(6) Der Abstand der Erdoberfläche von der Grabensohle ist die Dräntiefe, ihr Abstand von der Rohroberkante die Überdeckung. Im allgemeinen soll die Überdeckung der Sammler nicht kleiner als 0,8 m sein (§ 11 Abs. 2). Im übrigen richtet sie sich nach der Tiefenlage der Sauger, wobei zu beachten ist, ob diese von oben oder von der Seite in die Sammler eingeführt werden. Wenn ein Sammler streckenweise wesentlich tiefer als die Sauger liegt, ist ein besonderer mit dem Hauptsammler gleichlaufender Nebensammler in der Höhenlage der Sauger anzuordnen und in den Hauptsammler zu führen. — *Tiefe, Überdeckung*

---

[1] Es sind mehrfach Versuche angestellt worden, dadurch eine bessere Wirkung der Dränung zu erzielen, daß die Sauger an ihren oberen Enden durch einen besonderen Strang verbunden und durch ein senkrechtes Rohr oder einen Schacht mit der Außenluft in Verbindung gebracht werden. Ob die dadurch bewirkte Luftbewegung in den Dränen (Durchlüftungsdränung) eine Steigerung des Ertrages zur Folge hat, konnte bisher nicht nachgewiesen werden. Eine solche Anordnung kommt jedenfalls in stark eisenhaltigen und daher zur Ockerbildung neigenden Böden nicht in Betracht. Ob sie in besonderen Fällen (z. B. auf Rieselfeldern) dazu dienen kann, die Grundluft leichter abzuführen und so die Versickerung zu beschleunigen (Entlüftungsdränung) ist gleichfalls noch nicht erwiesen.

Ausmün-
dungen

(7) Die Ausmündungen der Sammler (§ 21 Abf. 7) müssen mindestens über dem mittleren Wasserstand der Wachstumszeit und 0,2 m über Grabensohle, sollen aber nach Möglichkeit über dem mittleren Jahreswasserstand liegen. Abweichungen von dieser Vorschrift, die sich ausnahmsweise nicht vermeiden lassen, sind zu begründen. Die Überdeckung der Sammler darf auf kurzen Strecken unmittelbar oberhalb der Ausmündungen bis auf 0,7 m eingeschränkt werden. Läßt sich auch diese Überdeckung wegen niedriger Lage des Geländes nicht erreichen, so ist die Ausmündung in höheres Gelände zurückzulegen und mit dem Vorfluter durch einen Stichgraben oder durch gedichtete Rohre zu verbinden. Auch kann das Gelände auf kurze Strecken aufgehöht werden. Die Ausmündungen sind gegebenenfalls durch Nummersteine kenntlich zu machen und auf Weiden vor Beschädigung durch Weidetiere zu schützen.

Abfluß-
spende

(8) Die für die Berechnung maßgebende Abflußspende ist in der Hauptsache von der Bodenart, der mittleren jährlichen Niederschlaghöhe und dem Geländegefälle abhängig und unter Berücksichtigung der örtlichen Erfahrungen einzuschätzen. Dabei ist der Zufluß von Wasser aus fremden Gebieten, sofern es nicht durch besondere Dräne abgeleitet wird (§ 10), und die Einleitung von Oberflächenwasser (§ 6 Abf. 2) in Rechnung zu stellen. Anlage C (Tab. 1) enthält Hinweise für die Wahl der Abflußspenden, die in den Abstufungen 0,40, 0,55, 0,70, 0,85 und 1,00 l/sec · ha behandelt sind.

Wasser-
geschwin-
digkeit

(9) Die Wassergeschwindigkeit in den Sammlern ist von großer Bedeutung für die Lebensdauer der Dränungen; sie muß bei voller Füllung der Rohre mindestens so groß sein, daß keine dauernden Ablagerungen in ihnen zu erwarten sind. Diese geringste zulässige Geschwindigkeit ist von der Bodenart abhängig und für verschiedene Böden in Anlage C (Tab. 2) angegeben. Es ist besonders wichtig, daß die Mindestgeschwindigkeiten bei voller Füllung der Rohre nicht unterschritten werden; größere Geschwindigkeiten sind anzustreben. Die Tabelle 3 der Anlage C sowie die Tafel der Anlage M enthalten die von den Gefällen und Rohrweiten abhängigen Wassergeschwindigkeiten.

(10) Um zu große Geschwindigkeiten in den Rohren zu vermeiden, kann es zweckmäßig sein, die Sammler in steilem Gelände in zickzackförmig gebrochener Linie am Hang herabzuführen. Soweit in den Sammlern eine Wassergeschwindigkeit von mehr als 1,5 m/sec entsteht, ist unter Berücksichtigung der Bodenverhältnisse zu prüfen,

ob die Stoßfugen mit Filterstoffen umpackt werden müssen (§ 25 Abs. 5).

(11) Das Gefälle ist auf die einzelnen Strecken des Sammlers *Gefälle* möglichst so zu verteilen, daß die Geschwindigkeit des Wassers nach unten hin nicht abnimmt. Die Mindestgefälle sind aus Anlage C (Tab. 2) zu entnehmen. Auch in schweren eisenfreien Ackerböden sollte jedoch ein Gefälle von 0,2 v. H. möglichst nicht unterschritten werden; Ausnahmen sind zu begründen.

(12) Für die Abmessungen der Sammler gilt das Normblatt *Rohrweite* DIN 1180[1] (Anl. B). Die Rohrweite wird durch die abzuführende Wassermenge und durch das Gefälle des Rohrstranges bestimmt und ist nach der Anlage C (Tab. 3) oder M zu berechnen.

(13) Dränschächte (§ 21 Abs. 4) sollen möglichst wenig und nur *Dränschächte* dann verwendet werden, wenn ihre regelmäßige, sorgfältige Reinigung erwartet werden kann. Sie sind so groß herzustellen, daß sie sich leicht reinigen lassen. Ihre Verwendung kommt dort in Frage, wo sich mehrere Sammler größerer Entwässerungsgebiete vereinigen, wo eine sehr starke Richtungsänderung großer Sammler notwendig wird, oder wo ein starkes Sammlergefälle in ein wesentlich schwächeres übergeht. Über 1000 m lange Sammler werden in der Regel durch Dränschächte unterteilt. Die Unterkante der Zuleitungsrohre soll, wenn ausreichendes Gefälle zur Verfügung steht, nicht tiefer als die Oberkante des Ableitungsrohres liegen.

(14) Ist ein kurzer Steilhang mit einem Sammler zu kreuzen, *Abstürze* so ist ein unterirdischer Absturz anzulegen (§ 21 Abs. 5).

(15) Stauverschlüsse (§ 21 Abs. 6) sind wegen der ihnen anhaften- *Stau-* den Nachteile nur in Ausnahmefällen anzuwenden[2]. Sie können *verschlüsse* zur Anfeuchtung auf Wiesen und Weiden dienen, wenn das Ge- ländegefälle nicht zu groß ist, besonders, wenn auch noch die Mög- lichkeit besteht, Wasser aus Teichen oder Gräben zuzuleiten. Auch können sie zur Spülung der Rohrstränge benutzt werden. Sie sind möglichst nicht an sehr durchlässigen Geländestellen anzuordnen; auf eine Länge von je 2—3 m ober- und unterhalb der Stauverschlüsse sind statt der Dränrohre gedichtete Muffenrohre zu verlegen.

---

[1] Maßgebend ist die jeweils gültige Ausgabe.

[2] Stauverschlüsse verteuern die Dränanlage, erschweren die Durchführung der landwirtschaftlichen Arbeiten und können vor allen Dingen Anlaß zu Abflußstörungen in den Dränen geben, sei es, daß Bodenteilchen von der Erdoberfläche her durch den Stauverschluß in die Dränung gelangen, sei es, daß durch das Anstauen Bodenein- spülungen an den Dränfugen verursacht werden.

§ 9. Sauger.

(1) Die besonderen Entwurfmaßnahmen gegen Abflußstörungen in den Dränrohren, namentlich bei Vorkommen von Triebsand oder eisenhaltigem Boden, sind im Paragraphen 11 behandelt.

Lage　(2) Die Sauger sind nach Möglichkeit quer oder schräg zum stärksten Geländegefälle zu verlegen (Quer- und Schrägdränung); sie dürfen nur ausnahmsweise in der Richtung des stärksten Gefälles liegen (Längsdränung). Bei kleineren Geländegefällen als 0,5 v. H. läßt sich eine Längsdränung häufig nicht vermeiden.

(3) Im allgemeinen ist es ausreichend, die oberen Enden der Sauger an quer zu ihrer Richtung liegende Dräne bis auf Zweidrittel ihres Dränabstandes heranzuführen. Wenn die oberen Enden zweier benachbarter Saugergruppen einander gegenüber liegen, erhalten ihre Verbindungslinien einen Abstand, der die Hälfte bis Zweidrittel des arithmetischen Mittels der beiden Dränabstände beträgt. Dräne neben Vorflutern sollen mit dem jeweiligen Dränabstand von diesen verlegt werden.

Kreuzen von Vorflutern und Wegen　(4) Vorfluter, Straßen und Wege (mit Ausnahme wenig befahrener Wirtschaftswege) sind durch Sauger möglichst nicht zu kreuzen. Ist eine Kreuzung im Einzelfall nicht zu umgehen, so sind an der Kreuzungstelle gedichtete Rohre (z. B. Tonmuffenrohre) zu verwenden (§ 23 Abs. 5).

Länge　(5) Bei der Quer- und Schrägdränung sollen die Sauger in der Regel nicht länger als 200 m sein; größere Längen als 250 m sind zu begründen. Die Sauger einer Längsdränung sind möglichst nicht länger als 150 m herzustellen. Wenn das Gefälle sehr gering ist, das Gelände zu Rutschungen neigt oder sonst Abflußstörungen (§ 11) in den Dränrohren zu befürchten sind, ist kürzeren Saugern der Vorzug zu geben. Das trifft im allgemeinen bei Wiesen zu.

Ausmündung　(6) Die Sauger sind, soweit es die Gefälleverhältnisse gestatten, von oben in die Sammler einzuführen. Man vergleiche jedoch die Fußnote zu Paragraph 11 Absatz 5. Die Verwendung von Formstücken[1] zur Verbindung der Sauger mit den Sammlern und der Sammler unter sich ist dringend zu empfehlen, namentlich dann, wenn die Sammler eine große Lichtweite haben. Die Verbindung der Sauger mit den Sammlern unter einem sehr spitzen Winkel ist zu vermeiden. An derselben Stelle des Sammlers soll nicht je ein rechter

---

[1] Haken-, Loch-, Ast-, Übergang- und Schlußrohre.

und linker Sauger eingeleitet werden. Die unmittelbare Ausmün=
dung der Sauger in die Vorfluter ist nur in Ausnahmefällen zulässig.

(7) Für die Abflußspende gelten die Vorschriften des Paragra=
phen 8 Absatz 8. *(Randbemerkung: Abfluß=spende)*

(8) Eine Wassergeschwindigkeit, die imstande ist, dauernde Ab= *(Randbemerkung: Wasser=geschwindig=keit, Rohr=weite)*
lagerungen in den Saugern zu verhindern, läßt sich, namentlich bei
schwachem Gefälle und in den oberen Strecken der Sauger, häufig
nicht erreichen. Im allgemeinen haben sich aber auch in solchen
Fällen 4= und 5=cm=Rohre für die Sauger als ausreichend erwiesen.
Die größere Lichtweite bietet den Vorteil, daß etwaige Ablagerun=
gen erst nach längerer Zeit die Wirkung des Saugers merkbar be=
einträchtigen, und daß für den Eintritt des Bodenwassers ein größerer
Querschnitt an den Stoßfugen zur Verfügung steht. Sie ist daher
stets dann anzuwenden, wenn in besonderem Maße mit Ablagerun=
gen in den Rohren oder mit Verstopfungen der Fugen gerechnet
werden muß (§ 11). Bei kleineren Gefällen als 0,35 v. H. dürfen
4=cm=Rohre nur in schweren Böden ohne größeren Eisengehalt ver=
wendet werden. In Wiesen ist eine lichte Weite von 4 cm in der
Regel nicht zu empfehlen. Anlage C (Tab. 2) enthält Angaben über
die geringsten zulässigen Wassergeschwindigkeiten in den Saugern.

(9) Für die Abmessungen der Sauger gilt das Normblatt DIN 1180
(Anl. B.) Die Rohrweite ist nach der Anlage C (Tab. 3) oder M zu berechnen.

(10) Das geringste zulässige Gefälle der Sauger ist von der *(Randbemerkung: Gefälle)*
Bodenart abhängig und für verschiedene Böden in Anlage C (Tab. 2)
angegeben. Auch in schweren eisenfreien Böden sollte jedoch ein Ge=
fälle von 0,25 v. H. möglichst nicht unterschritten werden; Ausnahmen
sind zu begründen.

(11) In sehr flachem Gelände kann ein künstliches Gefälle dadurch
geschaffen werden, daß das Gefälle der Sauger größer als das in
ihrer Richtung vorhandene Geländegefälle gewählt wird. In diesen
Fällen soll die Länge der Sauger im allgemeinen nicht größer als
etwa 100 m sein.

(12) Der Begriff der Dräntiefe ist im Paragraphen 8 Absatz 6 *(Randbemerkung: Tiefe)*
erläutert. Bei ihrer Wahl sind hauptsächlich die Boden= und Klima=
verhältnisse sowie die zum Anbau kommenden Pflanzen zu berück=
sichtigen. Tiefe Dräne haben gegenüber flachen den Vorteil, daß
sie nicht so leicht verwachsen[1] und daß die natürlichen und künstlichen

---

[1] Ob die Gefahr des Verwachsens bei flachen Dränen erheblich größer ist als
bei tiefen, ist noch nicht geklärt.

Pflanzennährstoffe des Bodens weniger stark ausgewaschen wer=
den. Ferner wird durch tiefe Dränung oft ein größerer Bereich des
Bodens für die Pflanzenwurzeln aufgeschlossen und zur Aufnahme
von Niederschlägen befähigt.

(13) Bei der Ackerdränung sind in der Regel anzuwenden:

1. die flache Lage von 0,8—1,0 m. Die geringste zulässige
Tiefe der Sauger beträgt im allgemeinen 0,8 m. Sie darf aus=
nahmsweise am oberen Ende der Sauger auf 0,7 m eingeschränkt
werden, wenn diese ein künstliches Gefälle erhalten. Auch dürfen
kleine Flächen mangels ausreichender Vorflut (§ 5 Abf. 6) oder bei
Vorkommen von Triebsand (§ 11 Abf. 2) mit 0,7 m tiefen Saugern
entwässert werden.

Die flache Lage der Sauger findet Anwendung in sehr schweren
(schwer durchlässigen) Böden, besonders in feuchtem kühlen Klima,
wenn die nur langsam versickernden Niederschläge möglichst schnell
abgeleitet werden müssen. Die Ableitung läßt sich durch besondere
Maßnahmen beschleunigen (§ 24 Abf. 4). In leichteren (leichter
durchlässigen) Böden kann die flache Lage dann zweckmäßig sein,
wenn bei einer tieferen Dränung entweder die Sauger in einer
schwer durchlässigen Schicht oder in Triebsand verlegt werden müßten
oder wenn ausnahmsweise die Gefahr einer zu großen Austrocknung
bestehen würde. Auch das Vorkommen eines deutlichen B=Hori=
zontes (Anl. A) läßt bisweilen eine flache Dränlage auch in leichteren
Böden zweckmäßig erscheinen.

2. Die mittlere Lage von 1,0—1,2 m in schweren und mittel=
schweren Böden.

3. Die tiefe Lage von 1,2—1,3 m in mittelschweren und leich=
ten Böden. In diesen sollte die Dräntiefe beim Anbau tiefwurzeln=
der Pflanzen[1] möglichst nicht kleiner als 1,3 m sein. Tiefgründige,
nährstoffreiche Lehmböden lohnen meistens eine tiefe Dränung,
namentlich bei kalkreichem Untergrund.

4. Für tiefwurzelnde Kulturen kann in mittelschweren und leich=
teren Böden auch eine besonders tiefe Lage bis zu etwa 1,8 m
in Frage kommen[2]. Wenn eine wasserführende durchlässige Schicht
in ziemlich großer, aber noch ausnutzbarer Tiefe vorhanden und der
darüber lagernde Boden nicht sehr schwer ist, sind die Sauger nach

---

[1] Tiefwurzelnde Feldfrüchte sind: Zuckerrübe, Esparsette, Luzerne, Hopfen,
Wein u. a.

[2] Für Zuckerrüben, Esparsette und Luzerne sind Dräntiefen von 1,4—1,5 m,
für Hopfen und Wein solche von 1,6—1,8 m mit Erfolg verwendet worden.

Möglichkeit in diese Schicht zu verlegen. Auch Fangdräne sind oft besonders tief anzuordnen (§ 10 Abs. 2).

(14) Wiesen sind in der Regel 0,8—1,1 m tief zu dränen. Weiden nehmen eine Mittelstellung zwischen Acker und Wiese ein; ihre Dräntiefe ist daher derjenigen des Ackers oder der Wiese anzugleichen, je nachdem ihre wasserwirtschaftlichen Verhältnisse denen des Ackers oder der Wiese ähnlich sind.

(15) Die Entfernung der Sauger voneinander, der Dränabstand, ist [Dränabstand] in der Hauptsache von der Bodenbeschaffenheit, Dräntiefe und Kulturart (Acker, Wiese) abhängig. Wenn in der Nachbarschaft des zu dränenden Gebiets mit der Dränung gleichartiger Böden bereits Erfahrungen vorliegen, sind diese zu berücksichtigen. Auch im Drängebiet selbst lassen sich durch schrittweise Dränung (§ 5 Abs. 3) Erfahrungen über den zweckmäßigsten Dränabstand gewinnen. Wechselt die Bodenbeschaffenheit derart, daß die Felduntersuchung, soweit sie mit vertretbaren Mitteln durchgeführt werden kann, kein deutliches Bild über die Verteilung der Bodenarten ergibt, so ist der endgültige Abstand der Sauger von dem Befund des Untergrundes in den Drängräben der Sammler und einzelner Sauger abhängig zu machen (§ 22 Abs. 4).

(16) Im übrigen können die Angaben der Anlage N als Anhalt für die Wahl der Dränabstände dienen[1]. Die zeichnerische Dar-

---

[1] Die Dränabstände haben gegenüber der Schlesischen Anweisung von 1911 folgende Änderungen erfahren:

Bodenart	Korngrößen in Gewichts-Hundertteilen		Dränabstände nach der		
			Schlesischen Anweisung 1911	Anlage N.	
	$<0{,}02$ mm	$<0{,}002$ mm	in m	in m	in vH. der Schlesischen Anweisung
Schwerer Ton	75—100	36—100	} 10—12 {	7,2— 9,4	} 72—92
Gewöhnlicher Ton . .	60— 75	25— 36		9,4—11,1	
Schwerer (toniger) Lehm	50— 60	20— 25	12—14	11,1—12,8	etwa 92
Gewöhnlicher Lehm . .	40— 50	15— 20	14—16	12,8—15,2	92— 95
Sandiger Lehm . . .	25— 40	9— 15	16—20	15,2—20,6	95—103
Lehmiger Sand . . .	10— 25	4— 9	20—24	20,6—28	103—116
Sand	<10	<4	24—30	>28	>116

Die Korngrößen dienen lediglich einer eindeutigen Begriffsbestimmung der Bodenarten; ihre Ermittlung kommt nur dann in Frage, wenn besondere bodenkundliche Untersuchungen durchgeführt werden sollen (§ 3 Abs. 6). Da die Dränabstände der Schlesischen Anweisung bei einem Geländegefälle unter 2 v. H. in der Regel auch für Querdränungen verwendet wurden, können sie als Vergleichszahlen dienen. Der Tabelle liegt eine Dräntiefe von 1,30 m zugrunde, entsprechend einer solchen von 1,25 m in der Schlesischen Anweisung. Der Vergleich ist auch für die schweren Böden durchgeführt, obwohl diese in der Regel nicht auf 1,30 m Tiefe gedränt werden.

stellung der Anlage gilt für Ackerdränungen bei gleichmäßiger Boden=
beschaffenheit, bei einem mittleren Jahresniederschlag bis zu etwa
650 mm, bei einem Geländegefälle unter 2 v. H. und bei der Aus=
führung als Quer= oder Schrägdränung. Größere Abweichungen
von der Anlage N sind zu begründen.

(17) Die normalen Dränabstände der Anlage N bedürfen in den
meisten Fällen noch einer Anpassung an die jeweiligen örtlichen
Verhältnisse; auch hierfür enthält die Anlage Hinweise.

(18) Besonderer Aufmerksamkeit bedarf die Wahl der Drän=
abstände in stark wechselnden Böden. In solchen Fällen ist es im
allgemeinen zweckmäßig, zunächst einen reichlichen Dränabstand zu
nehmen und nötigenfalls später Zwischendräne nach Bedarf einzu=
schalten. Bei überwiegendem Vorkommen leichter Bodenarten in
diluvialen Moränenböden ist der Dränabstand nach diesen zu be=
stimmen und je nach der Häufigkeit und Beschaffenheit von Ein=
sprengungen schweren Bodens zu verringern.

(19) Sind schwere Böden etwa in Dräntiefe von leichten unter=
lagert oder von zahlreichen sandigen Adern durchsetzt (natürliche
Dränung), so kann der nach dem schweren Boden bestimmte Drän=
abstand oft erheblich vergrößert werden, sofern überhaupt eine Drä=
nung erforderlich ist.

(20) Befinden sich die Dränstränge in wesentlich schwererem Bo=
den, als der Oberkrume eigen ist, so wird das Eindringen der Nieder=
schläge in den Untergrund und die Bildung von Trockenrissen mit
ihren günstigen Wirkungen für die Wasserabführung und Durch=
lüftung des Untergrundes in der Regel erschwert. In solchen Fällen
ist daher der schwerere Boden für den Dränabstand maßgebend.

(21) Liegen die Dräne auf einer schwerdurchlässigen Schicht, so
ist der Abstand der Sauger zwar für die darüber befindliche durch=
lässigere Bodenschicht zu bestimmen, aber etwas zu verringern.

(22) Auch das Vorhandensein ausgesprochener Bodenhorizonte
(Anl. A) kann für die Wahl der Dränabstände von Bedeutung sein.
Denn dieselbe Bodenschichtung, d. h. der Wechsel zwischen durch=
lässigen und undurchlässigen Schichten, ist verschieden zu bewerten,
je nachdem das überschüssige Wasser von oben durch Versickerung
(B=Horizont) oder von unten durch das Andringen fremden Grund=
wassers (G=Horizont) entsteht. Müssen die Dräne unter einer als
B=Horizont entstandenen Schicht größerer Dichte verlegt werden, so
ist bei dem Bestimmen des Dränabstandes auf die Durchlässigkeit

dieser Schicht Rücksicht zu nehmen, falls nicht die Schicht selbst etwa durch Untergrundlockerer durchbrochen werden kann. Liegen dagegen die Dräne unter einem ausgeprägten G-Horizont in durchlässigem Boden, so ist dieser Boden für den Dränabstand im allgemeinen maßgebend.

(23) Abgesehen von den vorstehend aufgeführten Fällen ist in verschieden geschichteten Böden der Dränabstand in der Regel nach dem Verhältnis der Stärke der einzelnen Schichten als Durchschnittzahl zu ermitteln.

(24) Wenn die Sauger ein künstliches Gefälle erhalten, muß ihre geringere Tiefe auf den oberen Strecken bei der Wahl der Dränabstände berücksichtigt werden.

(25) Sofern die Wirkung einer Rohrdränung durch einfache Maulwurfdräne verstärkt werden soll, ist der Dränabstand gegenüber den Angaben dieses Paragraphen meist wesentlich zu vergrößern (§ 30 Abs. 6).

§ 10. Ableiten von Quellen und Druckwasser.

(1) Quellen sind in der Regel durch besondere Rohrstränge abzuleiten und dadurch von der eigentlichen Dränung fernzuhalten, da ständig durchflossene Dräne leicht verwachsen. Ausnahmsweise darf jedoch eine nicht eisenhaltige Quelle durch einen Sammler abgeleitet werden, wenn dieser besonders tief liegt und die Quelle zu seiner dauernden Spülung ausgenutzt werden soll. Bei starkem Wasserandrange ist als Wassersammler ein Schlucker herzustellen (§ 21 Abs. 3). Auch können an den quelligen Stellen gelochte und mit Steinen umpackte Rohre verwendet werden. Unterhalb sandführender Quellen kann das Einbauen eines Dränschachtes mit Sandfang zweckmäßig sein (§ 21 Abs. 4).

(2) Von besonderer Bedeutung ist das Abfangen des Druckwassers, das entweder als Grundwasserstrom auf undurchlässigen Bodenschichten seitlich in das Drängebiet eintritt oder als gespanntes Tiefengrundwasser den Untergrund an einzelnen Stellen von unten durchbricht. Das seitlich eintretende Grundwasser ist am Rande des Drängebietes durch Fangdräne abzufangen, die stets quer zum Grundwasserstrom liegen müssen und, wenn die Vorflut es zuläßt, etwas in die undurchlässige Schicht mit breiter Grabensohle einzuschneiden, jedoch im allgemeinen nicht tiefer als 1,5 m zu verlegen sind. Sie erhalten mindestens 5 cm weite Rohre. Der untere Teil

der Fangdrängräben ist nach Möglichkeit mit durchlässigem Boden (Steinen, Kies, Schlacke) zu verfüllen. Auch Steindräne (§ 12) haben sich zum Abfangen des Druckwassers bewährt. Bei Auftreten von sonstigem Fremdwasser sind die vorgenannten Schutzmaßnahmen gleichfalls anzuwenden.

(3) Von unten an einzelnen Stellen durchbrechendes Tiefen=grundwasser wird meistens durch besondere Rohrstränge, Bedarf=dräne, abgeleitet, die genau an diesen Stellen anzuordnen sind.

§ 11. Besondere Entwurfmaßnahmen gegen Abflußstörungen in den Dränrohren.

(1) Abflußstörungen entstehen am häufigsten durch Versandung, Ablagerung von Eisenocker oder Verwachsung. Die dagegen zu treffenden Maßnahmen sind in den Paragraphen 11 (Entwurfbear=beitung) und 25 (Bauausführung) behandelt.

Triebsand (2) Wenn der für Dränungen besonders gefährliche Triebsand vorkommt, sind die Sammler und Sauger möglichst über dem Trieb=sand zu verlegen; die Überdeckung der Sammler und die Tiefe der Sauger sollen jedoch nicht geringer als 0,75 m sein. Kleine Flächen dürfen ausnahmsweise mit 0,7 m tiefen Saugern entwässert werden.

(3) Läßt sich das Verlegen der Dränrohre im Triebsand nicht vermeiden, so sind die in größerem Umfange Triebsand führenden Gebiete nach Möglichkeit besonders und in kleinen Dränabteilungen mit nicht zu langen Saugern und mit mindestens 5 cm weiten Rohren zu entwässern, namentlich in flachem Gelände. Allen Rohrsträngen ist ein möglichst starkes Gefälle zu geben, so daß die Wassergeschwin=digkeit in voll laufenden Sammlern mindestens 0,30—0,35 m/sec, nach Möglichkeit aber mehr beträgt. Die Sauger müssen ein Ge=fälle von wenigstens 0,45 v. H. erhalten (Anl. C, Tab. 2). In flachem Gelände sind nötigenfalls kurze Sauger mit künstlichem Gefälle an=zuordnen und die unteren gefällearmen Strecken der Sammler durch Stichgräben zu ersetzen. Zum Schutze gegen das Eindringen des Triebsandes sind die Stoßfugen der Rohre mit Filterstoffen zu umpacken (§ 25 Abs. 5).

(4) Zum Reinigen der Dränstränge können Dränschächte und Stauverschlüsse (§ 21 Abs. 4 und 6) in den Hauptsammlern dienen. Ferner können Vorkehrungen getroffen werden, um reines Ober=flächenwasser zur Spülung in die besonders gefährdeten Drän=abteilungen einzuleiten.

(5) Auch in Böden mit nennenswertem Eisengehalt sind ähn= Eisenocker
liche Maßnahmen wie beim Vorkommen von Triebsand anzuwenden:
besondere und kleine Dränabteilungen mit nicht zu langen Saugern,
mindestens 5 cm weite Rohre, starkes Gefälle und somit große Wasser=
geschwindigkeiten in den Rohren (Anl. C, Tab. 2), Umpacken der Stoß=
fugen, Möglichkeit der Spülung und sonstigen Reinigung. Empfeh=
lenswert ist außerdem eine nicht zu flache Lage der Dräne. Eisenhaltige
Quellen und eisenhaltiges Druckwasser (§ 10) sind unter allen Um=
ständen durch besondere Dränstränge bis zum Vorfluter abzuleiten[1].

(6) Das Eindringen von Pflanzenwurzeln in die Dränrohre wird Ver-
wachsungen
durch eine tiefe Lage der Dräne zwar nicht verhindert, aber doch er=
schwert[2]. Daher sind flache Dräne möglichst zu vermeiden, wenn tief=
wurzelnde Unkräuter[3] in größerem Umfange vorkommen oder tief=
wurzelnde Feldfrüchte[3] angebaut werden. Außerdem sind Sammler
durch Verwachsungen besonders gefährdet, wenn sie in trockenen Zeiten
noch Wasser führen, während das über ihnen liegende Erdreich schon
ausgetrocknet ist. In solchen Fällen oder bei kleineren Überdeckungen
als 0,9 m ist zu prüfen, ob nicht das Tränken der Rohrenden mit
Karbolineum oder das Umhüllen der Stöße mit einer das Eindrin=
gen der Wurzeln verhindernden Masse erforderlich ist (§ 25 Abs. 8).

(7) Wenn Sammler gleichlaufend zu einer Reihe von Bäumen
oder Sträuchern verlegt werden, muß das in mindestens 20 m Ent=
fernung geschehen. Der verbleibende 20 m breite Streifen wird
zweckmäßig durch kurze Sauger entwässert, die gegen das Ein=
dringen der Pflanzenwurzeln geschützt werden. Läßt sich das Ver=
legen eines Sammlers in der Nähe einzelner Bäume oder Sträucher
nicht vermeiden, so sind die gefährdeten Stellen durch gedichtete
Rohre (z. B. Tonmuffenrohre) gegen das Einwachsen der Wurzeln
zu sichern (§ 23 Abs. 5).

(8) Dräne, die häufig unter Rückstau und in sehr schwachem Ge= Rückstau
fälle liegen, bedürfen in allen Bodenarten eines Schutzes der Stoß=
fugen durch Umpackungen (§ 25 Abs. 5).

---

[1] Der Vorgang der Verockerung ist noch nicht völlig geklärt. Es ist anzunehmen,
daß er durch die Tätigkeit von Eisenbakterien gefördert wird. Durch welche Maß=
nahmen das Verockern der Dränrohre verhindert oder verringert werden kann, bleibt
noch zu untersuchen: Luftabschluß der Ausmündungen durch ihre Lage unter Mittel=
wasser, durch besondere Wasserverschlüsse oder durch Metallklappen, Einmündung der
Sauger in die Sammler nur von der Seite statt von oben, Einbringen bakterien=
tötender Stoffe (Kupfer) in die Dräne oder andere Mittel.

[2] Vgl. die Fußnote zu § 9 Abs. 12.

[3] Vgl. die Fußnoten zu § 4 Abs. 3 und § 9 Abs. 13.

Gefahr von Boden-rutschungen

(9) In Gebieten, die zu Bodenrutschungen neigen, sind kleine Dränabteilungen, mindestens 5 cm weite Sauger und möglichst starke Gefälle zu verwenden. In solchen Fällen sind auch Steindräne (§ 12) zu empfehlen.

§ 12. Steindräne.

Herstellung

(1) Steindräne werden dadurch hergestellt, daß der untere Teil der Drängräben in einer Höhe von 0,3—0,4 m mit Steinen gefüllt wird, deren Größe entweder nach oben hin filterförmig abnimmt oder die durch plattenförmige Bruchsteine abgedeckt werden. Besonders bewährt haben sich kastenförmige Steindräne.

Anwendung

(2) Die Anwendung der Steindräne ist nur dann zu empfehlen, wenn sie ein nicht zu schwaches Gefälle erhalten können und wenn die Steine billig zu beschaffen sind. Ein Verwachsen ist nicht zu befürchten. Sie können daher auch bei geringen Dräntiefen, beispielsweise in Wiesen, verwendet werden, ferner zur Entwässerung von Obstgärten. Auch dienen sie mit gutem Erfolge zum Abfangen von Quellen und Druckwasser (§ 10) und zur Entwässerung von Gebieten, die zu Bodenrutschungen neigen.

b) Bestandteile der Entwürfe.
§ 13. Erläuterung.

Die Erläuterung soll kurz sein und nur die zeichnerische Darstellung ergänzen, eine Beschreibung der bestehenden Verhältnisse, namentlich der vorhandenen Mißstände, geben und die für das Beseitigen der letzteren erforderlichen Maßnahmen erörtern. Im besonderen soll sie enthalten:

1. Veranlassung zur Aufstellung des Entwurfes. Träger des Unternehmens.

2. Kurze Angaben über Lage und Größe der zu dränenden Flächen (Regierungsbezirk, Kreis, Gemeinde, Entfernung von dem nächsten Bahnhof).

3. Beschreibung des Niederschlaggebietes, Angaben über die vorhandenen Vorfluter, die Oberflächengestaltung des Geländes und die Ursachen der schädlichen Bodennässe (§ 4 Ab. 1). Die Ergebnisse der im Paragraphen 4 Absatz 3 angeordneten Ermittlungen sind insoweit anzugeben, als sie für den Entwurf von Bedeutung sind.

4. Nachweisung und, sofern das Niederschlaggebiet größer als 2 qkm ist, Berechnung der Vorfluter. Begründung der Abfluß=spenden. Mitteilungen über den Zustand der Bauwerke.

5. Zusammenfassende Mitteilungen über Art und Ergebnisse der Bodenuntersuchungen unter Angabe der Zeit ihrer Ausführung, der Grundwasserstände in den Schürfgruben sowie der Witterungsver=hältnisse, denen ein Einfluß auf die festgestellten Grundwasserstände zuzuschreiben ist. Wenn Gutachten kulturtechnischer Untersuchung=stellen (§ 3 Abs. 6) vorliegen, sind sie beizufügen.

6. Mitteilungen über den Umfang der Dränung und Begründung der vorgesehenen Maßnahmen (§ 5).

7. Begründung der gewählten Dräntiefen und Dränabstände. Angabe der Sammler mit Übertiefen größeren Umfangs und der Saugergruppen mit sehr geringen Tiefen.

8. Berechnung der Sammler und Sauger nach den Anlagen D und E. Begründung der Abflußspenden (§ 8 Abs. 8).

9. Angabe der größten Längen der Sammler und Sauger, der Wassergeschwindigkeiten in den Sammlern, soweit sie kleiner als 0,3 oder größer als 1,5 m/sec sind, und Mitteilungen über die Be=handlung von Quellen, Druckwasser oder sonstigem Fremdwasser.

10. Angaben über die Bezugquellen der Baustoffe und über die Länge der Wege (Eisenbahn, Straße, Landweg), auf denen sie zur Verwendungstelle geschafft werden sollen.

11. Begründung der Einheitspreise für Herstellung von einem Meter Dränstrang unter Berücksichtigung aller Nebenkosten. Dabei kann auf die Ausführungskosten benachbarter Dränungen oder auf Verdingungsergebnisse der letzten Zeit Bezug genommen werden.

12. Mitteilung der Gesamtkosten und der Kosten für ein Hektar der Entwässerungsfläche.

13. Nachweis der Wirtschaftlichkeit unter Berücksichtigung der be=sonderen örtlichen, namentlich der landwirtschaftlichen Verhältnisse. Auch etwaiger größerer Landgewinn durch Fortfall von Gräben ist dabei in Rechnung zu stellen.

14. Darlegung der für das Unternehmen wichtigen Rechtsver=hältnisse: bisherige Unterhaltungspflichten an den Vorflutern und Bauwerken, Staurechte, künftige Unterhaltungspflichten. Sollen für die Vorflut fremde Grundstücke in Anspruch genommen werden, so ist anzugeben, in welcher Weise die Erhaltung der Vorflut auf die Dauer gesichert wird.

§ 14. Massenberechnung.

Die Massenberechnung der Dränung ist nach den Anlagen D, E und F aufzustellen, die sinngemäß zu vereinfachen sind, wenn keine Formstücke zur Anwendung kommen. Für die Vorfluter können die üblichen Vordrucke verwendet werden.

§ 15. Kostenanschlag.

Der Kostenanschlag ist nach folgenden Teilen zu ordnen:

Teil I. Vorarbeiten.

Zu den Vorarbeiten gehören die Feldaufnahmen einschließlich der Bodenuntersuchungen und die Bearbeitung des baureifen Entwurfs. Ihre Kosten sind nach einem Einheitssatz je Hektar anzugeben.

Teil II. Entschädigungen.

Als Entschädigung kommen in Betracht: Grunderwerb, Nutzungsentschädigungen für dauernd oder zeitweise in Anspruch genommene Flächen, Erwerb oder Beschränkung von Staurechten u. a.

Teil III. Vorflutanlagen.

Die Kosten für Räumung und Ausbau vorhandener sowie für Herstellung neuer Vorfluter sind getrennt zu berechnen. Ferner sind etwaige Kosten für Sohlpfähle, Sohlschwellen, Streckensteine usw. einzusetzen. Auch die Vorflutdräne sind unter Teil III zu veranschlagen.

Teil IV. Bauwerke.

Teil IV umfaßt die Kosten für Änderung oder Neubau aller Bauwerke (Brücken, Durchlässe usw.) einschließlich der dazu erforderlichen Baustoffe. Sofern es sich um Bauwerke größeren Umfangs handelt, sind Sonderanschläge aufzustellen und Zeichnungen oder Skizzen beizufügen.

Teil V. Erdarbeiten für die Drängräben.

Die Kosten für das Herstellen und Zufüllen der Drängräben und für das Legen der Rohre sind auf Grund der in den Anlagen D, E und F enthaltenen Längennachweisungen für Sammler und Sauger getrennt zu berechnen. Zur Ermittlung der Einheitspreise werden die Drängräben zweckmäßig in solche verschiedener Tiefengruppen eingeteilt, die in der Regel von 0,2 zu 0,2 m abzustufen sind.

Teil VI. Beschaffung der Rohre nebst Zubehör.

Die Preise der Rohre frei Ziegelei, Bahnhof oder Schiff einerseits sowie die Kosten für ihre Heranschaffung zur Verwendungstelle (Lagerung in Haufen) andererseits sind getrennt zu ermitteln, wenn nicht die beteiligten Landwirte die kostenlose Heranschaffung übernehmen.

Ferner ist die Beschaffung aller übrigen Baustoffe (Muffenrohre, Formstücke, Dichtungstoffe, Nummersteine usw.) sowie die Herstellung der Ausmündungen, Dränschächte und sonstigen zur Dränung gehörigen Bauteile einschließlich der Baustofflieferung zu veranschlagen.

Teil VII. Bauleitung.

Teil VII soll die Kosten für die Vergebung der Arbeiten, für die Bauaufsicht, die Anfertigung der Ausführungszeichnungen sowie für die Abrechnung enthalten. Sie können nach Erfahrungsätzen ermittelt werden, entweder nach einem Einheitsatz je Hektar oder nach einem Hundertsatz der Gesamtkosten der Teile II—VI. Auch die voraussichtliche Zeit der Bauleitung in Verbindung mit der Vergütung des bauleitenden Technikers kann der Berechnung der Kosten zugrunde gelegt werden.

Teil VIII. Insgemein.

Alle nicht vorherzusehenden Arbeiten und Lieferungen sind unter gleichzeitiger Abrundung der Gesamtkosten im Teil VIII zusammenzufassen.

§ 16. Lagepläne und Festpunktverzeichnis.

(1) Die Lagepläne müssen außer den im Paragraphen 1 Absatz 2 genannten Darstellungen noch enthalten: die zu dränenden Flächen mit ihren Grenzen und ihrer näheren Umgebung, die Höhenzahlen, Höhenlinien, Wasserscheiden und die Dränung selbst mit allem Zubehör (Dränschächte, Senkbrunnen usw.). *Inhalt der Lagepläne*

(2) Die Höhenlinien sind in gleichmäßigen Höhenabständen auf Grund der Höhenzahlen in die Pläne einzutragen. Die Abstände können bei geringer Geländeneigung etwa 0,2 oder 0,25 m betragen und in besonderen Fällen bis auf 0,1 m verringert werden; sie sollen auch bei starker Neigung des Geländes 2 m nicht überschreiten. Die waagerechte Entfernung der Höhenlinien soll im Durchschnitt möglichst nicht größer als 50 m sein. Die Lagepläne müssen in jedem Falle ein ausreichend deutliches Bild der Geländegestaltung geben. *Höhenlinien*

Zeichne-
rische Dar-
stellung

(3) In der Regel sind die Maßstäbe 1 : 2000 oder 1 : 2500 zu wählen, bei Neumessungen nur diese. Auf jedem Lageplan ist der Maßstab darzustellen sowie die Nordrichtung und der Nullpunkt der Höhenmessung anzugeben. Im übrigen gilt für die Darstellung die schwarze oder farbige Ausführung nach Anlage H. Die Art der zeichnerischen Darstellung ist in Anlage G im einzelnen erläutert.

Festpunkt-
verzeichnis

(4) Sämtliche Festpunkte sind ihrer Lage und Höhe nach in einem besonderen Verzeichnisse nachzuweisen.

§ 17. Bodendurchschnitte und Bodenkarten.

Boden-
durch-
schnitte

(1) Die Bodendurchschnitte der Schürfgruben sind nach den Ergebnissen der Bodenuntersuchungen (§ 3) anzufertigen und entweder auf den Lageplänen oder, wenn Bodenkarten hergestellt werden, auf diesen darzustellen. Sind zahlreiche Bodendurchschnitte aufzutragen, so kann es sich empfehlen, besondere Pläne für ihre Darstellung anzulegen. Die Bodendurchschnitte müssen die Bodenarten, die Tiefe der einzelnen Schichten und den Stand des Grundwassers enthalten. Wasserführende sandige Schichten und Gänge, Triebsand, eisenhaltiger Boden, Steine und pflanzenschädliche Bodenarten sind besonders zu bezeichnen. Es empfiehlt sich ferner, etwaige Feststellungen über Horizontbildungen, Lagerungsdichte, Bodenrisse und Durchwurzelung einzutragen. Bei jedem Bodendurchschnitt sind die gewählte Dräntiefe und der Dränabstand anzugeben.

Boden-
karten

(2) Falls Bodenkarten verwendet werden, ist die Lage der Bodenuntersuchungstellen auf ihnen und nicht auf den Lageplänen darzustellen.

(3) Die Flächen mit einigermaßen gleichen Bodendurchschnitten (Bodenflächen) sind in den Bodenkarten kenntlich zu machen. Die Grenzen dieser Flächen liegen im allgemeinen in der Mitte zwischen denjenigen Bodenuntersuchungstellen, zwischen denen sich die Bodenbeschaffenheit nennenswert ändert. Sandige Gänge größeren Umfangs, Triebsand, nennenswerter Eisengehalt des Bodens, pflanzenschädliche Bodenarten und Druckwasser sind in die Bodenkarte einzutragen.

Zeichne-
rische
Darstellung

(4) Die Bodendurchschnitte sind mit den gleichen arabischen Zahlen zu versehen wie die zugehörigen Schürfgruben in den Lageplänen oder Bodenkarten. Die Nummern derjenigen Bohrlöcher, die etwa denselben Bodendurchschnitt ergeben haben wie eine Schürfgrube, sind dem Bodendurchschnitt dieser Schürfgrube in Klammern beizufügen. Die einzelnen Bodenflächen sind mit fort-

laufenden großen Buchstaben zu kennzeichnen. Die in einer Boden=
fläche zusammengefaßten Bodendurchschnitte sind neben einander auf=
zutragen und mit demselben Buchstaben zu bezeichnen wie die zu=
gehörige Bodenfläche. Jede Bodenkarte wird zweckmäßig im gleichen
Maßstab hergestellt wie der zu ihr gehörende Lageplan. Für die
Darstellung gelten im übrigen die Anlagen J und K. Die Art der
zeichnerischen Darstellung ist in den Anlagen A (Teil II) und G im
einzelnen erläutert.

§ 18. Längsschnitte der Vorflutanlagen und Sammler.

(1) Alle Vorfluter und Vorflutdräne sind in Längsschnitten dar= Vorflut-
anlagen
zustellen; auf den Längsschnitt eines Vorfluters darf nur dann ver=
zichtet werden, wenn es keinem Zweifel unterliegt, daß die erforder=
liche Vorflut vorhanden ist. Die Längsschnitte der Vorfluter sollen
u. a. die Lichtweite und Gründungsart der Brücken sowie die Be=
festigungsart der Bauwerksohlen erkennen lassen. Sind ausgesprochene
schmale Uferrehnen vorhanden, so ist auch die Geländehöhe unmittel=
bar neben der Rehne anzugeben (§ 2 Abs. 3). Bei der Darstellung
der Wasserstände sind etwaige Rückstauverhältnisse kenntlich zu machen.

(2) Längsschnitte der Sammler sind stets dann erforderlich, wenn Sammler
die Sammlertiefen erheblich wechseln oder wenn schwache oder künst=
liche Gefälle vorhanden sind. Es ist jedoch im allgemeinen ratsam,
für alle Sammler mit größerer Länge Längsschnitte aufzutragen.

(3) Die Vorfluter und Sammler sind schwarz oder farbig dar= Zeichne-
rische
Darstellung
zustellen, die Art ihrer zeichnerischen Darstellung ist aus den An=
lagen G und L zu ersehen. Es empfiehlt sich, die Streckenpunkte
der bestehenden Anlagen unter, diejenigen der geplanten über der
Grundlinie einzutragen, wie es in Anlage L geschehen ist. Für alle
Längsschnitte ist Millimeterpapier zu verwenden.

§ 19. Querschnitte der Vorfluter.

(1) Die Querschnitte eines Vorfluters sind darzustellen, wenn Zweck der
Auftragung
seine Räumung nicht genügt, sondern sein Ausbau erforderlich ist
oder wenn sein Abflußvermögen nachgewiesen werden muß.

(2) Die Darstellung ist auf Millimeterpapier zu geben. Die Zeichne-
rische
Darstellung
neuen Querschnitte sind zinnoberrot einzutragen; mit derselben Farbe
sind die für den Bodenaushub maßgebenden Querschnittflächen in
qm und die Breiten der Böschungsflächen, die befestigt werden sollen,
in m einzuschreiben.

C. Bauausführung.

§ 20. Bauaufsicht.

Allgemeines   (1) Der Erfolg einer Dränung hängt mehr als bei vielen anderen Meliorationen von einer gewissenhaften Bausausführung ab, ganz besonders in flachem Gelände. Jede Dränung mit schwachem Gefälle bedarf daher während ihrer Ausführung einer ständigen technischen Aufsicht. Eine solche ist überhaupt bei allen umfangreicheren Dränungen erforderlich. Der die Aufsicht führende Techniker muß ausreichende Erfahrungen im Dränen und in der Bodenkunde besitzen, damit er in der Lage ist, auch noch während der Ausführung Abänderungen des Planes, die sich aus den Bodenaufschlüssen der Drängräben als notwendig oder zweckmäßig ergeben sollten, vorzuschlagen oder im Rahmen seiner Befugnisse selbst anzuordnen. Das gilt namentlich für eine Änderung der Dränabstände und Dräntiefen, für die bei unerwartetem Triebsandvorkommen zu ergreifenden Maßnahmen sowie für das Einsparen von Saugern an Stellen mit besonders durchlässigem Boden. Auch Einzelheiten der Geländegestaltung, die im Dränplan nicht wiedergegeben sind, können zu Planänderungen Veranlassung geben.

Abweichungen vom Plan   (2) Abweichungen vom Plan sind schon während der Bauausführung aufzumessen (§ 26 Abs. 1).

§ 21. Beschaffenheit der Dränrohre und sonstigen Bauteile.

Dränrohre   (1) Die an die Beschaffenheit der Dränrohre zu stellenden Anforderungen sind im Normblatt DIN 1180 erläutert (Anl. B). Auf Verwendung einwandfreier Rohre muß besonders geachtet werden. Vor ihrer Bestellung sind Proberohre anzufordern und aufzubewahren. Bei der Verwendung von Zement-Dränrohren ist große Vorsicht geboten, sie dürfen nur dann verwendet werden, wenn nach eingehenden Untersuchungen des Bodens und Wassers mit einer Zementzerstörung nicht zu rechnen ist.

Sohlenübergänge   (2) Die oberhalb der Ausmündungen der Sammler liegenden Sohlenübergänge (§ 6 Abs. 5) erhalten ein Gefälle von etwa 10 v. H. und werden mit geschütteten Lesesteinen, Ziegelbrocken oder auf andere einfache Weise befestigt.

Schlucker   (3) Schlucker sind Stein- und Kiesfilter; sie werden meistens in der Weise hergestellt, daß ein rd. 0,5 m weites Bodenloch bis etwa 0,2 m unter die Dräne ausgehoben, mit Weidengeflecht umgeben

und mit Steinen, Kies und grobem Sand gefüllt wird. Die Korn=
größe der Füllung muß filterförmig von unten nach oben abnehmen.
Im Acker sind die Schlucker oben mit einer für die Beackerung aus=
reichenden Mutterbodenschicht zu versehen. Sofern die Schlucker un=
mittelbar über einem Dränstrang liegen (§ 6 Abs. 2), müssen sie sehr
sorgfältig hergestellt werden, damit keine Bodenteile in die Dräne
gelangen.

(4) Die Oberkante der Dränschächte[1] (§ 8 Abs. 13) soll möglichst
über Gelände liegen. Die über verdeckten Schächten befindliche
Bodenschicht muß so stark sein, daß die Schächte durch die Bewirt=
schaftung der gedränten Fläche nicht beschädigt werden. Die Sohle
der Dränschächte ist mindestens 0,3 m tiefer als die Unterkante des
Ableitungsrohres anzuordnen, so daß ein Sand= und Schlammfang
entsteht. Kleinere Schächte werden zweckmäßig aus einem aufrecht=
stehenden Ton= oder Zementrohr mit etwa 0,2 m Betonunterlage
und mit einem dicht schließenden Deckel hergestellt. Die Rohre müssen
so weit sein, daß sie ohne Schwierigkeit gereinigt werden können.
Größere Schächte sind in Mauerwerk auszuführen und nötigenfalls
mit Steigeisen zu versehen. Alle Dränschächte, die über das Gelände
hinausragen, sind sicher zu verschließen.

Drän=
schächte

(5) Als Abstürze in den Sammlern (§ 8 Abs. 14) werden zweck=
mäßig senkrecht gestellte Ton= oder Zementrohre verwendet, die
unten ausbetoniert und oben mit einem Stein oder einer Beton=
platte abgedeckt werden.

Abstürze

(6) Stauverschlüsse in den Sammlern (§ 8 Abs. 15) werden in der
Regel als Formstücke eingebaut und am besten als Mönche ausgebildet.

Stau=
verschlüsse

(7) Für die Ausmündungen der Sammler (§ 8 Abs. 7) können
Formstücke aus Beton mit nach außen beweglichem Gitter empfohlen
werden. Die lichte Entfernung der Gitterstäbe darf nicht größer als
5 mm sein. Die Einengung des Abflußquerschnitts durch die Gitter=
stäbe ist durch eine Verbreiterung des Ausmündungstückes auszu=
gleichen. Statt des Gitters kann eine leicht bewegliche Klappe aus
dünnem Blech angeordnet werden. Die Gitter und Klappen müssen
seitlich und unten genügend Spielraum besitzen. Ausmündungstücke
mit festem Gitter und solche ohne Gitter oder Klappe sind unzulässig.
Die Ausmündungstücke sollen nicht kürzer als etwa 1 m sein und
möglichst nicht in einem sehr spitzen Winkel zum Vorfluter verlegt
werden.

Aus=
mündungen

---

[1] Früher Brunnenstuben genannt.

(8) Wenn ein Sauger ausnahmsweise unmittelbar in den Vor=
fluter mündet, kann sein Ausmündungstück aus einem Tonmuffen=
rohr mit Gitter oder Maschendrahtkappe hergestellt werden.

Senk=
brunnen(9) Senkbrunnen (§ 6 Abs. 9) können eine runde oder rechteckige
Grundrißform sowie eine lichte Weite von etwa 1—2 m erhalten
und sind mindestens 1—1,5 m in den durchlässigen Untergrund
hinabzuführen. Sie lassen sich in einfacher Weise dadurch herstellen,
daß einige in der Mitte des Brunnens lotrecht aufgestellte durch=
lochte Dränrohre im Bereich der durchlässigen Bodenschicht filter=
förmig mit Steinen und Kies umpackt werden. Die Korngröße
der Umpackung muß von der Mitte des Brunnens nach außen hin
abnehmen. Die Wirkung der Senkbrunnen läßt sich dadurch erhöhen,
daß kurze Dränstränge vom Brunnen aus in durchlässige Boden=
schichten vorgetrieben werden.

§ 22. Herstellen der Drängräben.

Zeit der
Ausführung(1) Die Drängräben lassen sich am leichtesten in einer Zeit aus=
führen, in der der Boden einen mittleren Feuchtigkeitsgrad besitzt.
Das Dränen bei Frost ist möglichst zu vermeiden. Mit dem Her=
stellen der Gräben darf erst begonnen werden, wenn die Vorflut
vorhanden ist und die Dränrohre angeliefert sind.

Höhen=
messungen(2) In Drängebieten mit geringem oder stark wechselndem Ge=
fälle sind vor der Ausführung der Sammlergräben neue Höhen=
messungen erforderlich. Nachdem die Lage eines Sammlers abgesteckt
ist, muß zunächst die genaue Höhenlage des Geländes an den im Ent=
wurf vorgesehenen Gefällebrechpunkten des Sammlers (Anl. L) fest=
gestellt werden, damit die Dräntiefen an diesen Punkten angegeben
werden können. Es empfiehlt sich, die neu ermittelte Geländelinie
in den Längsschnitt des Sammlers einzutragen und zu prüfen, ob
der Sammler planmäßig ausgeführt werden kann. Bei Saugern
mit sehr schwachem Gefälle ist sinngemäß zu verfahren. Ob auch bei
stärker geneigten Sammlern neue Höhenmessungen vorzunehmen
sind, ist im Einzelfall zu entscheiden. Zwischen den Gefällebrech=
punkten sind die Drängräben mit stetigem Gefälle auszuführen,
nötigenfalls unter Einmessung von Zwischenpunkten. Auf ein ein=
wandfreies Gefälle der Grabensohlen ist besondere Sorgfalt zu ver=
wenden.

(3) Nach Fertigstellung der Gräben sind die Sohlengefälle nach=
zuprüfen, wenn erforderlich durch nochmalige Höhenmessung.

(4) Bei stark wechselnder Bodenbeschaffenheit sind nach Herstellung der Sammlergräben zunächst einzelne Gräben für die Sauger unter Fortlassen der dazwischen vorgesehenen auszuheben, damit die geplanten Dränabstände nach dem Befund des Untergrundes nachgeprüft werden können (§ 9 Abs. 15).

(5) Die Drängräben können von Hand unter Verwendung der üblichen Werkzeuge oder auf maschinellem Wege hergestellt werden; die Arbeiten sind in der Richtung von unten nach oben auszuführen. Bei Handarbeit sind der Mutterboden (Rasen) und der übrige Aushub, gegebenenfalls auch besonders durchlässige Bodenschichten, getrennt zu lagern. Die ausgehobenen Bodenmassen sollen möglichst nicht unmittelbar neben den Grabenkanten, sondern in geringem Abstand von ihnen abgesetzt werden.

(6) Finden sich erhebliche Hindernisse, z. B. große Steine, im Boden, so sind diese entweder zu sprengen oder die Dräne mit schwacher Krümmung um sie herum zu führen. Das Unterfahren der Steine mit den Dränsträngen ist unstatthaft. Wenn Sauger unter sehr spitzem Winkel auf den Sammler stoßen, kann es zweckmäßig sein, den Anschlußwinkel durch Führung des Saugers in Bogenform angemessen zu vergrößern.

(7) Zu beachten ist, daß an der Einmündung eines Saugers in einen Sammler die Grabensohle des Saugers in der Regel höher liegt als die des Sammlers.

§ 23. Verlegen der Dränrohre.

(1) Auf sorgfältige Behandlung der Rohre beim Abladen und Verteilen ist zu achten; schlechte Rohre sind auszusondern und baldigst vom Felde zu entfernen oder zu zerschlagen. Weniger gute, aber noch brauchbare Saugerrohre sind in den oberen Strecken der Sauger zu verwenden.

(2) Das Rohrlager muß fest und rein sein. Weiche (quellige) Grabensohlen sind durch Einbringen von Kies, Stroh oder sonst geeigneten Stoffen zu befestigen, oder die Rohre sind auf Bretter, Schwarten oder Latten zu legen. Das ist besonders beim Durchfahren zugeschütteter Gräben zu beachten. In schweren Böden läßt sich die Wirkung der Dränung dadurch erhöhen, daß auf der Grabensohle zunächst eine dünne durchlässige Bodenschicht aufgebracht wird.

(3) Es empfiehlt sich, die Rohre im Tagelohn verlegen zu lassen, bei kleineren Weiten mit dem Legehaken, bei größeren mit der Hand.

Die Arbeit beginnt am oberen Ende des Drängrabens, wo das erste Rohr nach oben abzuschließen ist. Zunächst ist die Rohrrinne zu ziehen, dann sind die Rohre zu verlegen, und zwar erst die Sauger, dann der zugehörige Sammler. Die einzelnen Rohre sind dicht aneinander zu stoßen. Bei Unterbrechungen der Rohrverlegung ist das jeweils unterste Rohr vorübergehend zu verschließen, namentlich um das Hineinkriechen von Tieren zu verhindern.

(4) Wenn mit einem Einstürzen der Drängräben zu rechnen ist und aus diesem Grunde die Rohre ausnahmsweise von unten nach oben verlegt werden müssen, sind sie später auf Versandung oder Verschlammung nachzuprüfen und nötigenfalls neu zu verlegen.

Muffenrohre (5) Muffenrohre sind zweckmäßig mit Teerstrick und Asphalt zu dichten.

Alte Dräne (6) Gekreuzte alte Dräne sind entweder aufzunehmen oder in der Regel durch Stein- und Kiesfilter an die neuen Dränleitungen anzuschließen.

Ausmündungstücke (7) Die Ausmündungstücke der Sammler sind senkrecht zum Vorfluter oder schräg in seiner Fließrichtung, jedoch nicht in einem sehr spitzen Winkel zum Vorfluter anzuordnen. Sie sind nötigenfalls an der Wasserseite durch Pfähle, Trocken- oder sonstiges Mauerwerk, Pflasterung oder Steinpackung zu sichern und möglichst mit bindigem Boden zu umstampfen. Ausspülungen der Sohle des Vorflutgrabens können durch eine einfache Sohlenbefestigung an der Ausmündungstelle, z. B. durch einige Steine, verhindert werden.

§ 24. Zufüllen der Drängräben.

Nachprüfen der Rohrlage (1) Unmittelbar nach der Verlegung der Rohre ist zunächst die gleichmäßige Sohlenlage, der dichte Fugenschluß und die Verbindung der Sauger mit den Sammlern nachzuprüfen. Ausnahmsweise kann die Gefälleprüfung, die in der Regel bereits nach der Fertigstellung der Drängräben (§ 22 Abs. 3) oder spätestens nach der Verlegung der Rohre erfolgt, auch noch nach dem Aufbringen der Deckschicht (Abs. 2) mit einem Sondiereisen vorgenommen werden.

Deckschicht (2) Sobald die Rohrlage nachgeprüft ist, sind die Rohre mit einer 0,2—0,3 m starken Schicht aus durchlässigem Boden zu überdecken, damit sie nicht aus ihrer Lage gebracht, beschädigt oder durch Niederschläge verschlämmt werden können. Schwerer Tonboden und sehr feiner Sand sind für die Deckschicht ungeeignet. Für ihre untere Lage kann Mutterboden verwendet werden, wenn er in ausreichender

Menge zur Verfügung steht. Die Deckschicht soll eine gleichmäßige nicht zu lockere Beschaffenheit ohne Hohlräume und Erdschollen aufweisen.

(3) Die Drängräben sind sobald wie möglich vollständig zuzufüllen, im oberen Teil mit Mutterboden. Der Bodenaushub ist über den Gräben aufzuhäufen, damit das erforderliche Sackmaß vorhanden ist und beim Setzen des Bodens keine Vertiefungen entstehen. *Vollständiges Zufüllen*

(4) In schwer durchlässigen Böden läßt sich das Versickern der Niederschläge durch senkrecht über den Dränrohren in etwa 10—20 m Abstand aufgestellte Strauchwerkbündel, Strohwippen oder Sand- und Kiesfilter beschleunigen. *Besondere Maßnahmen*

§ 25. Besondere Baumaßnahmen gegen Abflußstörungen in den Dränrohren[1].

(1) Dränungen, die Triebsand anschneiden, sind möglichst in trockener Zeit auszuführen. Einzelne Triebsand führende Flächen eines Drängebietes werden zweckmäßig erst dann gedränt, wenn durch Verbesserung der Vorflut und durch Dränung der umliegenden Flächen bereits eine Senkung des Grundwasserstandes herbeigeführt ist. *Triebsand*

(2) Findet man während der Bauausführung nicht vermutete, flachliegende Triebsandschichten, so sind die Dräne auch in Abänderung des Planes nach Möglichkeit über dem Triebsand anzuordnen. Die Überdeckung der Sammler und die Tiefe der Sauger dürfen dabei bis auf 0,75 m eingeschränkt, kleine Flächen dürfen ausnahmsweise mit 0,7 m tiefen Saugern entwässert werden (§ 11 Abs. 2). Auch ist in solchen Fällen zu erwägen, durch Triebsand besonders gefährdete Sauger zunächst überhaupt nicht zu verlegen, sondern die Wirkung der Dränung abzuwarten.

(3) Kleinere Triebsandnester sind nötigenfalls mit sorgfältig abgedichteten Drän- oder Tonmuffenrohren zu durchfahren.

(4) Ist der Triebsand bei der Ausführung der Dränung noch stark flüssig, so ist stichweise in größerer Grabenbreite vorzugehen, indem man das Wasser nach einem Dränspatenstich zunächst ablaufen läßt, bevor der folgende Stich ausgehoben wird.

(5) Im Triebsand ist ferner auf ein festes Auflager für die Dränrohre, auf enge Stoßfugen und auf einen sorgfältigen Anschluß der

[1] Vgl. auch § 11.

Sauger an die Sammler besonders Bedacht zu nehmen. Die Stoß=
fugen, die wie in jedem Falle wasseraufnahmefähig bleiben müssen,
sind in der Regel in ihrem ganzen Umfange, also auch auf der unteren
Seite, zum Schutze gegen das Eindringen von Sand mindestens 5 cm
stark mit Filterstoffen zu ummanteln. Als solche können verwendet
werden: Mutterboden, Schlacke, Fasertorf, Torfmull, Heidekraut,
Nadelstreu, Waldmoos, Kaff oder Häcksel. Langstroh bedarf meistens
noch einer dünnen Schicht anderen Filterstoffes.

(6) Alle Drängräben im Triebsand müssen sofort nach dem Ver=
legen der Rohre vollständig zugefüllt werden.

Eisenocker   (7) Bei stärkerem Eisengehalt des Bodens sind Rohre mit be=
sonders glatter Innenfläche[1] zu verwenden, nötigenfalls sind die
Stoßfugen, namentlich bei schwachen Gefällen, ringsherum mit Filter=
masse zu umpacken und die Drängräben nach dem Verlegen der
Rohre schnellstens zuzufüllen, damit die Stoßfugen nicht verockern.
Die unterste, unmittelbar über den Rohren liegende Schicht des Füll=
bodens soll möglichst eisenfrei sein.

Ver-   (8) Um das Einwachsen der Pflanzenwurzeln zu erschweren,
wachsungen werden die Rohrenden in völlig trockenem Zustande mit Karbolineum[2]
getränkt oder die Stöße mit pflanzenschädlichen[3] oder sterilen Stoffen
(Schlacke) umpackt oder mit Dachpappe oder asphaltierter Jute um=
hüllt. Ob das Einwachsen der Wurzeln dadurch gefördert wird, daß
die Dräne mit Mutterboden oder leicht verweslichen Stoffen um=
geben werden, ist noch nicht geklärt.

D. Unterhaltung.

§ 26. Ausführungszeichnungen.

(1) Nach Fertigstellung der Dränung ist ein Lageplan herzu=
stellen, in dem die Dränanlagen in Übereinstimmung mit der Aus=
führung darzustellen sind. Auch der Sollzustand der für die Dränung
besonders wichtigen Vorfluter ist in Ausführungszeichnungen festzu=

---

[1] Neuerdings sind Versuche mit Glasrohren angestellt, die wegen ihrer sehr glatten
Innenfläche das Absetzen des Eisenockers voraussichtlich erschweren würden.

[2] Das Karbolineum soll mindestens 8 v. H. Phenole (Karbolsäure) enthalten.
Die Rohrenden sind dem Eindringen des Karbolineums längere Zeit auszusetzen.
Dem Tränken kann jedoch nur eine Wirkungsdauer von einigen Jahren zugesprochen
werden.

[3] Z. B. Boden oder Schlacke, die im trockenen Zustande unter ständigem Um=
schaufeln mit stark karbolsäurehaltigem Karbolineum überbraust sind (auf 1 cbm Boden
etwa 12 l Karbolineum).

legen. Die Vorschriften der Paragraphen 16, 18 und 19 sind zu be=
achten.

(2) Für die Ausführungszeichnungen ist dauerhaftes Papier zu
verwenden. Sie sind sorgfältig aufzubewahren, da sie die Unterlage
für eine sachgemäße Unterhaltung und eine etwaige Erweiterung der
Dränung bilden.

§ 27. Überwachung der Anlagen.

(1) Die Vorfluter sind wenigstens einmal im Jahr zu schauen, *Vorfluter*
zweckmäßig jedoch zweimal, im Frühjahr und im Herbst. Dabei ist
zu prüfen, ob ihre planmäßigen Abmessungen nach Tiefe und Breite
noch vorhanden sind.

(2) Die gedränten Flächen sind in jedem Frühjahr und möglichst *Gedränte Flächen*
auch nach längeren Regenzeiten eingehend zu besichtigen, um die
Wirkung der Dränung festzustellen. Insbesondere ist darauf zu
achten, ob Teile des Drängebietes auffällig langsam trocken werden
und ob einzelne Sammler im Vergleich zu den übrigen verhältnis=
mäßig wenig Wasser liefern; auch aus dem Pflanzenbestand lassen
sich häufig Rückschlüsse auf die Wirkung der Dränung ziehen. Nasse
Stellen, die Störungen der Entwässerung vermuten lassen, sind im
Gelände sofort zu bezeichnen, wenn die nähere Untersuchung nicht
unverzüglich vorgenommen werden kann.

(3) Die Dränausmündungen und Dränschächte sind besonders *Ausmün-*
sorgfältig zu überwachen. Sie müssen leicht aufzufinden sein; die *dungen,*
Ausmündungen sind daher nötigenfalls im Gelände mit Nummer= *Drän-*
steinen oder Nummerpfählen kenntlich zu machen, die verdeckten *schächte*
Dränschächte gegen feste Punkte einzumessen. Wegen der Höhen=
lage der Dränausmündungen sind die Vorschriften des Paragraphen 8
Absatz 7 zu beachten.

§ 28. Unterhaltungsarbeiten.

(1) Auf die sorgfältige Unterhaltung der Vorfluter ist großer Wert *Vorfluter*
zu legen, da schon geringe Sohlenerhöhungen und Verkrautungen
einen unzulässigen Rückstau in die Sammler hervorrufen können
(§ 8 Abs. 7).

(2) Die Dränschächte müssen regelmäßig gereinigt werden. *Drän-*
schächte

(3) Störungen in der Dränung sind baldigst zu beseitigen. Wenn *Reinigen*
Stauverschlüsse oder Vorkehrungen zum Einleiten von Oberflächen= *der Dräne*
wasser vorhanden sind, kann zunächst ein Reinigen der Dräne durch

Spülen versucht werden (§ 11 Abs. 4). Eine jährliche Reinigung dieser Art ist zu erwägen. Im übrigen kann bei Verstopfungen kleineren Umfangs das Reinigen der Dräne mit einem Draht, dessen Ende mit Stoff umwickelt ist, erfolgreich sein, und zwar unter Benutzung vorhandener Dränschächte sowie durch Aufgraben der Dräne in Abständen von etwa 20—30 m. Auch können die Dräne von unten herauf etwa alle 50 m aufgegraben und mittels einer kräftig wirkenden Handpumpe, deren Druckschlauch einige Rohrlängen in den Strang eingeführt wird, gespült werden. Nötigenfalls sind die Rohrstränge vollständig aufzugraben und die Rohre nach sorgfältiger Reinigung mit einem Schutz aus Filtermasse neu zu verlegen (§ 25 Abs. 5). Die nach einer Reinigung wieder eintretende Verockerung pflegt mit den Jahren geringer zu werden.

Kreuzen mit neuen Wegen

(4) Sollen vorhandene Dränungen durch neue Wege gekreuzt werden, so sind die Sammler an diesen Stellen durch gedichtete Rohre (z. B. Tonmuffenrohre) zu ersetzen und die Sauger vor den Wegen durch Sammler abzufangen (§ 8 Abs. 5 und § 9 Abs. 4).

Landwirtschaftliche Maßnahmen

(5) Zur Vermeidung größerer Unterhaltungsarbeiten kann es unter Umständen ratsam sein, den Anbau tiefwurzelnder Pflanzen in den ersten Jahren nach der Dränung zu unterlassen oder auf besonders flach gedränten Flächen auf tiefwurzelnde Kulturen ganz zu verzichten.

(6) Bei starkem Eisengehalt des Bodens ist eine nachhaltige Kalkung der Flächen zu empfehlen, damit das Eisen nach und nach gebunden wird.

(7) Auch beim Vorkommen des B-Horizontes (Anl. A) ist es zweckmäßig, den Kalkzustand des Bodens zu verbessern, um die Dränung voll auszunutzen.

Anhang: Besondere Dränungsarten.

§ 29. Die Dränung der Marschböden.

Besondere Verhältnisse der Marschen

(1) Die Dränung der Marschböden weist gegenüber den Vorschriften der Paragraphen 1—28 verschiedene Abweichungen auf, die in den besonderen Verhältnissen der Marschen ihren Grund haben. Diese bestehen namentlich in dem geringen, mit knapper Vorflut verbundenen Geländegefälle, der von Ebbe und Flut abhängigen Sielentwässerung, dem seit alters üblichen engmaschigen Grabennetz, insbesondere den zahlreichen Beetgräben, verbunden mit einer mehr oder weniger gewölbten Form der Beete, sowie in den zum Teil besonderen Bodenverhältnissen des Alluviums.

(2) Im Tidegebiet haben die breiten Parzellengräben, die die Vor= Vorfluter
fluter für die Dränanlagen bilden, während der Sielschlußzeit bei
natürlicher Entwässerung als Speicherraum für das Binnenwasser zu
dienen. Ein Rückstau in die Dräne kann in dieser Zeit als zulässig
angesehen werden (§ 8 Abs. 7).

(3) Bei der Dränung schwer durchlässiger Marschböden ist auf
eine ausreichende Ableitung des Oberflächenwassers, z. B. durch
Grüppen, besonders Bedacht zu nehmen.

(4) Wegen der oft nur knappen Vorflut der Marschen lassen sich Drängefälle
die in Anlage C (Tab. 2) angegebenen Mindestgeschwindigkeiten und
Mindestgefälle für die Sammler und Sauger nicht immer erreichen.
Kleinere Gefälle als 0,15 v. H. dürfen jedoch auch in den Marschen
nicht angewendet werden, größere sind mit allen Mitteln anzustreben.
Um die Lebensdauer der Dränungen nicht allzu sehr zu verkürzen,
sind die Rohre bei sehr schwachen Gefällen sorgfältig mit Filterstoffen
zu umpacken (§ 25 Abs. 5).

(5) Die geringen Geländegefälle und ungünstigen Vorflutver= Dränabtei-
lungen
hältnisse lassen kleine Dränabteilungen geboten erscheinen. Wenn das
Gefälle ausreicht, empfiehlt es sich, wenigstens einige Sauger durch
einen kurzen Sammler zusammenzufassen. Andernfalls sind Einzel=
sauger anzuwenden.

(6) Die Frage der Dränbedürftigkeit sowie der Dränabstände Dränab-
stände und
Dräntiefen
und Dräntiefen ist für die alluvialen Marschböden nach besonde=
ren örtlichen Erfahrungen zu beurteilen. Schwere Tonböden sind
nicht immer dränbedürftig. Ein hoher Kochsalzgehalt kann in neu
eingedeichten Poldern die Durchlässigkeit des Bodens vorüber=
gehend herabsetzen, bis eine Auslaugung des Salzes stattgefunden
hat, ohne daß also daraus die Dränbedürftigkeit des Bodens zu
folgern ist.

(7) Die Dräntiefen der Sauger können bis auf etwa 0,7 m ver=
ringert werden. In neu eingedeichten Poldern kann ein schrittweises
Tieferlegen der zunächst nur 0,5 m tief angeordneten Dräne in mehr=
jährigem Abstand zweckmäßig sein. Obwohl die tonigen Feinsande
nicht zu den schweren Böden gehören, bedürfen sie wegen ihrer ge=
ringen Durchlässigkeit eines verhältnismäßig kleinen Dränabstandes,
der bei einer Dräntiefe von 1,2 m zu etwa 13—15 m angenommen
werden kann und bei kleineren Dräntiefen entsprechend zu verringern
ist. Im übrigen ist zu beachten, daß die Dränabstände im allgemeinen
größer als nach den Vorschriften der Anlage N gewählt werden

können, wenn eine weitgehende Ableitung des Oberflächenwassers durch zahlreiche Entwässerungsgrüppen sichergestellt wird.

Beet-
graben-
dränung

(8) Die Beetgrabendränung (Meedjeschlootdränung) bezweckt den Ersatz der Beetgräben durch Dräne. Ihr Dränabstand wird praktisch bedingt durch den vorhandenen Abstand der Beetgräben, der etwa 16—24 m zu betragen pflegt. Dieser Dränabstand hat sich auch in schweren Böden als ausreichend erwiesen, wenn die Wölbung der Beete nach der Dränung beibehalten und dadurch erreicht wird, daß das Oberflächenwasser nach den über den Dränen liegenden Beetmulden abfließt. Da die schweren Böden leicht verschlämmen, sind die Beetmulden mit einer gut ausgehobenen Pflugfurche zu versehen, die das Wasser dem Vorfluter zuführt. Die Dräne werden in der Regel unten in die Böschung der Beetgräben oder auch unter deren Sohle verlegt. Sie erhalten je nach den örtlichen Verhältnissen eine mittlere Tiefe von etwa 0,7—1,0 m[1] und wegen der starken Wasserzuführung zu den Beetmulden eine reichlich bemessene Lichtweite.

§ 30. Die Maulwurfdränung.

Allgemeines

(1) Die Maulwurfdränung wird in der Weise ausgeführt, daß mit dem sogenannten Maulwurfpflug im Boden Hohlgänge als Sauger gezogen werden, die in offene Gräben oder in Sammler gewöhnlicher Bauart ausmünden. Mit Hilfe dieses Pfluges lassen sich auch Rohre verschiedener Art oder Holzkästen in die Gänge einziehen. Ein abschließendes Urteil über die Maulwurfdränung ist für deutsche Verhältnisse noch nicht möglich.

(2) Die Maulwurfdränung entbehrt der auflockernden Wirkung der Drängräben und bewirkt eine Zusammenpressung des Bodens in unmittelbarer Nähe der Gänge. Sie bietet andererseits gegenüber der gewöhnlichen Dränung den Vorteil, daß die Oberfläche der zu dränenden Flächen von Erdarbeiten frei bleibt.

(3) Vor Ausführung jeder Maulwurfdränung sind sehr sorgfältige Bodenuntersuchungen erforderlich. Falls nennenswerte Hindernisse, wie große Steine oder Holz im Boden vorhanden sind, ist von der Verwendung des Maulwurfpfluges Abstand zu nehmen.

(4) Die Erzielung eines durchgehenden Gefälles der Dränstränge muß durch die Bau- und Betriebsart des Maulwurfpfluges auch im unebenen Gelände gewährleistet sein. Schroffe Unebenheiten sind

---

[1] Tiefe der Drängrabensohle unter der Oberfläche der Beetmulden.

nötigenfalls durch Einebnungsarbeiten auszugleichen. Wegen der Schwierigkeit einer völlig fehlerfreien Tiefensteuerung empfiehlt es sich, den Maulwurfdränen ein nicht zu schwaches Gefälle zu geben. Im Bedarffalle ist künstliches Gefälle anzuwenden.

(5) Das Anwendungsgebiet der einfachen Maulwurfdräne ohne Rohre oder andere Umwandung (Erddräne) sind die bindigen, stein- und holzfreien Ton- und Lehmböden, da in anderen Bodenarten, anscheinend auch in Moorböden, eine ausreichende Lebensdauer der Hohlgänge nicht erwartet werden kann. In sehr wechselnden Böden, in denen die Gänge innerhalb der leichteren Bodenarten bald ver- fallen, kann die einfache Maulwurfdränung nur insoweit nützlich sein, als das aus den durchlässigen Schichten stammende Wasser leichter als vorher durch zwischengelagerte schwer durchlässige Schichten des Untergrundes abfließt, da in diesen die Hohlgänge dauerhafter sind. Das Vorkommen zahlreicher Maulwürfe oder Wühlmäuse ist für den Bestand der Erddräne gefährlich.

(6) Einfache Maulwurfdräne dienen auch zur Ergänzung ge- wöhnlicher Dränungen, denen dann ein wesentlich größerer Drän- abstand als sonst zu geben ist[1], sowie zur Entwässerung tiefliegender Flächen, auf denen Rohrdräne aus Vorflutmangel keine ausreichende Tiefe erhalten können.

(7) Größere Saugerlängen als 100 m und große Dränabteilungen sind nicht zu empfehlen. Wenn die Sauger unmittelbar in den Vor- fluter geführt werden, sind ihre Ausmündungen auf etwa 1,0—1,5 m Länge durch Rohre oder Holzkästen mit den üblichen Verschlüssen zu sichern. Alle freien Ausmündungen der Erddräne bedürfen jedes Jahr einer mehrmaligen Prüfung.

(8) Das entwurfmäßige Gefälle der einfachen Maulwurfdräne sollte nicht kleiner als 0,4 v. H. sein. Bei zu starkem Gefälle ist eine Beschädigung der Erdwände zu befürchten. Die Dräntiefe kann etwa zwischen 0,5 und 1,0 m gewählt werden. Bei geringen Dräntiefen von 0,5—0,6 m haben sich Dränabstände von 3—6 m bewährt.

---

[1] Über die zweckmäßigste Anordnung der Erddräne zur Ergänzung gewöhn- licher Dränungen liegen noch nicht genügend praktische Erfahrungen vor, um Vor- schriften darüber geben zu können. Man kann die Erddräne gleichlaufend mit den Rohrsaugern in der Weise verlegen, daß zwischen je zwei Rohrsaugern ein oder mehrere Erddräne gezogen und in den Rohrsammler geführt werden. Man kann sie aber auch quer zu den Rohrsaugern und in geringerer Tiefe als diese anordnen, indem man sie als seitliche Zubringer zu den Rohrsaugern betrachtet und fortlaufend über mehrere Rohrsauger hinwegzieht. An ihren Kreuzungstellen mit den Rohr- saugern muß dann eine schnelle Versickerung des Wassers in diese möglich sein.

(9) Für eine gute Ausführung der einfachen Maulwurfdränungen ist auch der Feuchtigkeitsgrad des Bodens von Bedeutung.

(10) Über die Lebensdauer der Erddräne liegen für Deutschland noch keine abschließenden Erfahrungen vor. Erddräne von kurzer Lebensdauer können von Zeit zu Zeit durch neue ersetzt werden, so daß die Maulwurfdränung dann zu einer regelmäßig wiederkehrenden Bodenbearbeitung wird.

Die umwandete Maulwurf-dränung

(11) Die umwandete Maulwurfdränung besteht darin, daß Drän= rohre, Holzkästen, Blechrohre oder dergl. durch den Pflug bei der Herstellung der Hohlgänge in diese hineingezogen werden. Sie ist in Mineral= und Moorböden anwendbar. Auch sandige und kieshaltige Böden dürfen in dieser Weise gedränt werden, nicht aber schwach ge= neigte Flächen mit Triebsand oder mit stärkerem Eisengehalt, da ein Umpacken der Dräne mit Filterstoffen nicht möglich ist. In sehr schweren Böden dürfte die billigere einfache Maulwurfdränung der umwandeten im allgemeinen vorzuziehen sein, zumal kein durch= lässiger oder gelockerter Boden unmittelbar auf die Dränrohre ge= bracht werden kann.

(12) Die Dräntiefen richten sich nach den Vorschriften des Para= graphen 9. Tiefen bis 1,3 m können auch mit Hilfe des Maulwurf= pfluges erreicht werden. Die Dränabstände werden jedoch im allgemeinen etwas kleiner zu wählen sein als im Paragraphen 9 an= gegeben ist, da der Maulwurfdränung die auflockernde Wirkung der Drängräben fehlt.

(13) Bei der Ausführung mit Dränrohren ist auf einen guten Fugenschluß besondere Sorgfalt zu verwenden. Die Rohre müssen den Beanspruchungen, denen sie beim Hineinziehen in die Gänge unterworfen sind, gewachsen sein.

(14) Solange keine ausreichenden Erfahrungen über die Haltbar= keit und Wirkung der umwandeten Maulwurfdränungen verschiedener Art vorliegen, kommt ihre Anwendung nur dann in Frage, wenn sie eine nennenswerte Kostenersparnis gegenüber der gewöhnlichen Dränung erwarten läßt.

II. Die Dränung der Moorböden.

§ 31. Allgemeines.

(1) Für die Dränung der Moorböden gelten sinngemäß die Bestimmungen des Teiles I, soweit nicht im folgenden Abweichungen vorgeschrieben sind.

(2) Vor der Aufstellung des Entwurfs ist nicht nur die Oberflächengestaltung des Moores durch Höhenmessungen, sondern auch die Tiefe und Beschaffenheit des mineralischen Untergrundes durch Sondierungen und Bohrungen festzustellen. Die Höhenmessungen der Mooroberfläche sind erst nach einer etwaigen Vorentwässerung (§ 34 Abs. 1) durchzuführen. In der Regel empfiehlt es sich, ein Gutachten einer Moorversuchsanstalt über die Beschaffenheit des Moores einschließlich seines Gehalts an Schwefel- und Eisenverbindungen einzuholen. Die Bodenproben sind nach den Vorschriften der betreffenden Versuchsanstalt zu entnehmen und zu verschicken. Besonders wichtig sind ferner Untersuchungen über die Ursachen der schädlichen Bodennässe (§ 4 Abs. 1).

(3) Ein Moor pflegt infolge der Entwässerung und späteren landwirtschaftlichen Nutzung um so stärker zu sacken, je wasserhaltiger, je weniger zersetzt und je tiefer es ist. Auch die unterhalb der Dräne liegenden Moorschichten können an dem Sacken beteiligt sein, so daß die Dränstränge noch nach ihrer Verlegung eine allgemeine Senkung erfahren können. Hochmoore sind in der Regel einer stärkeren Sackung als Niederungsmoore unterworfen. Die nach Ausführung der Höhenmessungen noch zu erwartende Sackung muß unter Berücksichtigung der jeweiligen örtlichen Verhältnisse von Fall zu Fall geschätzt werden, da allgemeingültige Regeln für die Berechnung der Sackmaße noch nicht vorliegen.

(4) Sehr wichtig ist die Prüfung der Frage, ob auch nach dem Sacken des Moores noch eine natürliche Vorflut vorhanden sein wird.

(5) Wenn der mineralische Untergrund in stark wechselnder Tiefe liegt, ist seine Oberfläche nötigenfalls durch Höhenlinien auf dem Lageplan darzustellen, damit bei der Anordnung der Vorfluter auf

das verschieden starke Sacken des Moores Rücksicht genommen werden kann. Für die Lage der Hauptvorfluter sind also keineswegs immer die tieferen Stellen der unentwässerten Mooroberfläche maßgebend. Auch die Tiefe der Vorfluter und der Bauwerksohlen ist von dem voraussichtlichen Sacken des Moores abhängig zu machen.

(6) In flachgründigen Mooren mit ziemlich durchlässigem Untergrund dürfen die Vorfluter nicht zu tief in diesen eingeschnitten werden, weil eine zu weitgehende Entwässerung unbedingt verhindert werden muß.

(7) Je weniger zersetzt ein Moor und je geringer seine Durchlässigkeit daher ist, um so tiefer soll das Mittelwasser in den Gräben liegen, damit das Grundwasser ausreichend gesenkt werden kann.

(8) Die Böschungen der Vorfluter dürfen im Niederungsmoor im allgemeinen nicht steiler als 1 : 1,5 sein, während sie im faserreichen Hochmoor fast senkrecht angeordnet werden können. Je zersetzter das Moor ist, um so flachere Böschungen sind nötig. Das Gefälle der Grabensohlen sollte 0,2 v. T. nicht unterschreiten.

Wasser-
regelung

(9) Bei allen Moordränungen ist es von besonderer Bedeutung, daß der während der Wachstumszeit erforderliche Grundwasserstand auch in Trockenzeiten gehalten wird. Am wirksamsten ist zu diesem Zwecke das Einbauen von Stauen in den Vorflutern und das dadurch bewirkte Rückstauen des Wassers in die Dräne, namentlich dann, wenn die Sammler durch offene Gräben ersetzt sind. Wenn das Anstauen in den Vorflutern selbst vermieden werden muß, z. B. um die Entwässerung von Wegen nicht zu unterbinden, ist der Stau in einem Seitengraben anzuordnen.

(10) Kommt ein Anstauen des Wassers in den Vorflutern oder Seitengräben nicht in Frage, so sind Stauverschlüsse (z. B. hölzerne) in die Dräne einzubauen, wenn sonst ein zu starkes Sinken des Grundwassers in trockener Zeit zu befürchten ist. Die Stauverschlüsse können auch zur Spülung der Rohrstränge dienen, namentlich bei starkem Eisen- oder Schwefelgehalt des Moores.

(11) Das Einbauen von Stauvorrichtungen ist besonders wichtig, wenn das Moor als Grünland genutzt wird. In diesem Falle kann auch eine sachgemäße Bewässerung der Moorböden in Betracht kommen. Für eine rechtzeitige Inbetriebnahme der Stauvorrichtungen im Frühjahr ist Sorge zu tragen.

Anordnung
der Dräne

(12) In tiefgründigen Mooren, in denen mangels gründlicher Vorentwässerung noch nach der Dränung mit nennenswerten

Sackungen zu rechnen ist, erübrigt es sich, die Lage der Dräne allzu=
sehr der ursprünglichen Oberflächengestaltung des Moores anzu=
passen. In solchen Mooren ist es auch im allgemeinen zweckmäßig,
die Sammler durch offene Gräben zu ersetzen. Das gilt namentlich
für Hochmoore. Die Anordnung einzelner Sauger verringert den
Gefälleverbrauch und erleichtert die Überwachung sowie die Regelung
des Wasserabflusses. Insbesondere in eisen= oder schwefelhaltigen
Mooren sind Einzelsauger oder zum mindesten sehr kleine Drän=
abteilungen zu empfehlen. Große Dränabteilungen sollen bei Moor=
dränungen möglichst vermieden werden, Abweichungen sind zu be=
gründen. Die oberen Enden benachbarter Saugergruppen sind zwecks
gleichmäßiger Entwässerung dicht aneinander heranzuziehen, wenn
mit stärkeren Sackungen des Moores zu rechnen ist.

(13) In tiefliegenden Niederungsmooren mit durchlässigem
Untergrund ist das Abfangen des seitlich eintretenden Druckwassers
durch Fangdräne von besonderer Bedeutung.

(14) Die Sauger sollen schon mit Rücksicht auf das meist schwache
Gefälle der Moore im allgemeinen nicht länger als 150 m sein, Aus= _Länge der Dräne_
nahmen sind jedoch zulässig. Neigt das Moor stark zur Bildung von
Schwefelalgen[1] oder besitzt es erheblichen Eisengehalt, so sind kleinere
Saugerlängen zu empfehlen.

(15) Für die Berechnung der Rohrweiten genügt in der Regel _Abfluß= spende_
eine Abflußspende von 0,4 l/sec ha (Anl. C und M).

(16) Als Ausmündungen der Sammler sind 1,0—1,5 m lange _Ausmün= dungen_
Eichenholzkästen zweckmäßig (§ 21 Abs. 7). Bei Einzelsaugern können
auch Tonmuffenrohre verwendet werden (§ 21 Abs. 8).

§ 32. Dränarten.

Im Moorboden finden hauptsächlich folgende Dränarten Ver=
wendung:

1. **Rohrdräne** werden entweder in Heidebettung, Fasertorf, _Rohrdräne_
Stroh, Schilf oder ähnlichen Stoffen oder auf Holzunterlagen ver=
legt. Heidekraut wird vorwiegend im Hochmoor verwendet, wo es
meistens in ausreichender Menge auf der Baustelle vorhanden ist.
In weichen Mooren und bei der Kreuzung von Wegen sind Holz=
unterlagen vorzuziehen, die auch eine seitliche Verschiebung der
Rohre verhindern müssen.

---

[1] Sie werden als weißflockige Ausscheidungen von der Schwefelbakterie gebildet,
deren Entwicklung an den Luftsauerstoff gebunden ist.

Dränrohre unter 5 cm Lichtweite sind im allgemeinen nicht zu verwenden. Die Ausführungen über Zementrohre im Paragraphen 21 Absatz 1 sind bei Moordränungen ganz besonders zu beachten.

Holzkasten- dräne

2. Holzkastendräne erhalten einen rechteckigen, trapezförmigen oder dreieckigen Durchflußquerschnitt und sind namentlich in tief- gründigen weichen Moorböden zweckmäßig. Sie müssen in dauer- haftem Verband und mit ausreichender Wasseraufnahmefähigkeit her- gestellt werden. Zu beachten ist, daß die etwa zur Nagelung der Holzkästen verwendeten eisernen Nägel im Moore nur eine kurze Lebensdauer besitzen. Dem kann durch Verwendung schwer rostender Nägel begegnet werden.

Die Holzkastendräne sollen keinen kleineren Durchflußquerschnitt als etwa 25 qcm erhalten.

Stangen- und Faschinen- dräne

3. Stangen- und Faschinendräne dürfen nur ausnahms- weise angewendet werden, weil sie infolge ihrer offenen Bauweise auch bei stärkeren Gefällen leicht verschlammen, finden aber ge- legentlich dann Verwendung, wenn das erforderliche Holz in der Nähe der Baustelle besonders preiswert zur Verfügung steht oder wenn in sehr weichen Mooren das Verlegen von Rohrdränen be- denklich ist.

Um ihre Verschlammung zu erschweren, sind sie in eine 10 bis 15 cm starke Schicht von Heidekraut einzubetten oder mit Streu oder ähnlichen Stoffen zu umpacken. Die inneren Teile der Faschinen sollen möglichst frei von Laub und Nadeln sein, damit der Wasser- durchfluß nicht zu sehr erschwert wird.

§ 33. Gefälle, Tiefe und Abstand der Dräne.

Drängefälle

(1) Für die Wahl der Drängefälle ist es von Bedeutung, ob noch nach der Dränung ein verschieden starkes Sacken des Moores und damit eine spätere Änderung des Geländegefälles zu erwarten ist.

(2) Bei der Rohrdränung soll das endgültige Gefälle der Dräne in Moorböden ohne größeren Eisengehalt möglichst nicht kleiner als 0,25 v. H. sein, nötigenfalls ist künstliches Gefälle anzuwenden (§ 9 Abs. 11). Namentlich in eisenreichen Mooren (Niederungsmooren) ist ein möglichst großes Gefälle erwünscht, damit die Verockerung der Rohre erschwert wird. Die geringsten zulässigen Wassergeschwindig- keiten in den voll laufenden Rohren und die geringsten zulässigen Gefälle sind in Anlage C (Tab. 2) angegeben. Wenn in Mooren,

die stark zur Verockerung neigen, die Mindestgefälle der Anlage C nicht erreicht werden können, ist eine Grabenentwässerung der Dränung vorzuziehen.

(3) Nach den bisherigen Erfahrungen ist es ratsam, für Kastendräne als geringste zulässige Gefälle die der Rohrdräne zu verwenden, den Faschinen= und Stangendränen aber, wenn möglich, ein Mindestgefälle von 0,4 v. H. zu geben. Der große Querschnitt der Kasten=, Faschinen= und Stangendräne verringert die Gefahr ihrer Verstopfung durch Eisenocker oder Schwefelalgen.

(4) Der Grundwasserstand der unbesandeten Moorböden soll nach Dräntiefe beendigter Sackung in Wiesen etwa 0,4—0,6, in Weiden 0,6—0,8 und in Äckern 0,7—1,0 m unter Gelände liegen, in besandeten Moor= äckern 0,9—1,2 m. Die kleineren Maße gelten für wenig zersetzte lockere, die größeren für gut zersetzte dichte Moore.

(5) Die entwurfmäßige Saugertiefe der Moordränungen ist davon abhängig zu machen, ob mit einer nennenswerten Sackung des Moores nach der Dränung gerechnet werden muß. Grundsätzlich soll jede Moordränung erst nach gründlicher Vorentwässerung der zu größeren Sackungen neigenden tiefgründigen oder weichen Moore durchgeführt werden. Ist infolge natürlicher Festigkeit des Moores oder infolge ausreichender Vorentwässerung die zu erwartende Sackung des Moores nur gering, so sind in Hochmooren für Acker und Grünland entwurfmäßige Saugertiefen von etwa 1,2 m zweckmäßig, die in Niederungsmooren bis auf etwa 1,0 m herabgesetzt werden können. Wenn der Abfluß aus den Dränen auch in trockenen Zeiten durch Anstauen mit Sicherheit verhindert werden kann, ist eine nicht zu flache Lage der Sauger zu empfehlen, damit in sehr nasser Zeit und im Frühjahr nötigenfalls eine stärkere Entwässerung möglich ist.

(6) Läßt sich ausnahmsweise eine ausreichende Vorentwässerung tiefgründiger Moore, in denen mit stärkeren Sackungen zu rechnen ist, nicht durchführen, so muß eine der zu erwartenden Sackung entsprechende größere Dräntiefe, etwa bis zu 1,5 m, angewendet werden.

(7) Wenn die Dräne bei stark wechselnder Moortiefe streckenweise in den mineralischen Untergrund eingebettet werden, ist bei der Entwurfbearbeitung auf das ungleichmäßige Sacken der Grabensohle besonders Bedacht zu nehmen.

(8) Werden die Sauger in flachgründigen Mooren auf oder Dränabstand in den durchlässigen mineralischen Untergrund verlegt, so ist im all=

gemeinen ein großer Dränabstand von 40 m und mehr erforderlich. In solchen Fällen empfiehlt es sich, nicht zu eng zu dränen, damit das Moor nicht zu weitgehend entwässert wird, und im Bedarffalle später Zwischendräne einzuziehen. Sauger mit großen Dränabständen können in derartigen Mooren auch als Ersatz für offene Gräben angewendet werden. Flachgründige Moore sind um so weiter zu dränen, je durchlässiger der Untergrund ist.

(9) In tiefgründigen Mooren ist der Dränabstand hauptsächlich von der Durchlässigkeit des Moores in seinen oberen Schichten abhängig. Er kann daher um so größer sein, je weiter die Zersetzung des Moores bereits vorgeschritten ist. Für Ackernutzung hat sich in über 1,5 m tiefen Hochmooren im Durchschnitt ein Dränabstand von etwa 15—20 m, in tiefgründigen Niederungsmooren ein solcher von etwa 25—30 m bewährt. Für Wiesen und Weiden kann auf tiefgründigen Hochmooren der mittlere Dränabstand zu rund 20 m angenommen werden, während Grünland auf tiefen Niederungsmooren mit Dränabständen von etwa 25—40 m zu dränen ist.

(10) Wenn die Verdunstung durch Besandung des Moores verringert wird, ist eine Verkleinerung der Dränabstände in Erwägung zu ziehen. Eine solche ist ferner auf Mooren, die infolge eines sehr schwachen Gefälles einen besonders geringen Oberflächenabfluß haben und bei großen mittleren Jahresniederschlaghöhen geboten.

(11) Sofern keine genügenden örtlichen Erfahrungen über den zweckmäßigsten Dränabstand vorliegen, kann ein Versuch mit verschiedenen Dränabständen zweckmäßig sein.

§ 34. Bauausführung.

Vorentwässerung

(1) Im Hochmoor und im weichen wasserreichen Niederungsmoor ist nach dem Ausbau der Hauptvorfluter zunächst für eine ausreichende Vorentwässerung durch Herstellung kleiner Grüppen sowie der Vorflut- und Drängräben Sorge zu tragen. Ist das Moor nicht genügend standfest, so sind die Gräben nach und nach stufenweise zu vertiefen und die Böschungen nötigenfalls treppenförmig anzuordnen. Je wasserreicher das Moor ist, um so langsamer ist die Vorentwässerung durchzuführen. Erst wenn durch die offenen Gräben eine ausreichende Vorentwässerung erzielt ist und übersehen werden kann, in welchem Umfange das Moor infolge der Dränung und späteren landwirtschaftlichen Nutzung voraussichtlich noch sacken wird, sind die Gräben endgültig fertigzustellen und die Dräne zu verlegen. Eine schritt-

weise Vorentwässerung verringert auch die spätere Verockerung und
die Bildung von Schwefelalgen in eisen= und schwefelreichen Mooren.

(2) In gut zersetzten, nicht besonders wasserreichen Niederungs=
mooren kann in den meisten Fällen von einer längeren Vorent=
wässerung abgesehen werden.

(3) Der Bodenaushub darf nicht in größerer Menge unmittelbar
an den Grabenrändern gelagert werden, damit die Einsturzgefahr der
Gräben nicht vergrößert wird. Wenn die Vorfluter in den minera=
lischen Untergrund einschneiden, ist eine Untersuchung des Mineral=
bodens auf Schwefeleisen erforderlich, weil Bodenaushub mit
pflanzenschädlichen Stoffen nicht auf dem Moor ausgebreitet werden
darf.

(4) Im Moorboden sind in der Regel besondere Vorsichtmaß=
nahmen gegen das ungleichmäßige Versacken der einzelnen Rohre
erforderlich. Sofern nicht in sehr weichen Mooren Holzunterlagen
verwendet werden, ist zunächst die Sohle des Drängrabens nach
ihrer Einebnung mit einer Streuschicht aus Heidekraut, Fasertorf,
Schilf, Rasensoden oder ähnlichen Stoffen zu bedecken. Nach An=
stampfen dieser Schicht werden etwa 10 auf eine Legestange ge=
schobene Rohre gleichzeitig verlegt und mit einer weiteren Streuschicht
überdeckt, alsdann wird der Drängraben etwa bis zur halben Tiefe
zugefüllt und erst dann die Legestange wieder herausgezogen. Die
Streuschicht muß in zusammengepreßtem Zustande die Rohre von
allen Seiten etwa 10 cm umhüllen. Im Gegensatz zu der Dränung
der Mineralböden hat es sich bei der Verwendung der Legestange
im Moor als unbedenklich und zuweilen als vorteilhaft erwiesen, die
Dränrohre vom unteren Ende des Drängrabens aus nach oben
zu verlegen (§ 23 Abs. 3).

(5) Das sofortige Zufüllen der Drängräben bis zur Moorober=
fläche ist besonders wichtig, wenn mit der Bildung von Eisenocker
oder Schwefelalgen gerechnet werden muß.

III. Besondere Vorschriften für genossenschaftliche Dränungen[1].

§ 35. Vorverhandlungen.

Mit den Vorarbeiten zur Aufstellung eines Entwurfes ist erst dann zu beginnen, wenn durch Vorverhandlungen mit den Beteiligten festgestellt ist, daß voraussichtlich eine Genossenschaft zustande kommen wird. Bei diesen Verhandlungen ist darauf hinzuwirken, daß wasserwirtschaftlich zusammenhängende dränbedürftige Flächen gleichzeitig gedränt und die Grenzen des Genossenschaftsgebiets danach festgelegt werden.

§ 36. Vorentwürfe.

Allgemeines   (1) Der Bildung einer Drängenossenschaft braucht nicht in allen Fällen ein baureifer Dränplan zugrunde zu liegen. Bisweilen kann es zweckmäßig sein, zunächst nur einen Vorentwurf und erst später, wenn die Genossenschaft gebildet ist, Sonderentwürfe für die Ausführung aufzustellen. Ein Vorentwurf darf nur von besonders erfahrenen Technikern bearbeitet werden. Durch die Satzung der Genossenschaft ist zu bestimmen, daß auch die Sonderentwürfe der behördlichen Prüfung bedürfen.

Inhalt   (2) Die Aufstellung eines Vorentwurfs kommt nur dann in Frage, wenn mit verhältnismäßig geringen Vorarbeiten ein annähernd zutreffendes Bild über die Vorflutverhältnisse sowie über Umfang (§ 5), Kosten und Erfolg der Dränung gewonnen werden kann. Wenn das ohne eingehende Höhenmessungen des Geländes nicht möglich ist, wird es sich im allgemeinen empfehlen, sofort einen baureifen Entwurf zu bearbeiten. Jeder Vorentwurf besteht aus folgenden Teilen:

1. Die Erläuterung soll die bestehenden Zustände kurz schildern sowie die Vorflutverhältnisse, die Geländegestaltung und die Bodenbeschaffenheit darlegen. Insbesondere ist auszuführen, ob die Begehung des Geländes und etwaige überschlägliche Höhenmessungen

---

[1] Die Vorschriften gelten für alle Dränungen öffentlich-rechtlicher Körperschaften und sinngemäß auch für staatliche Dränungen.

genügendes Gefälle für eine Dränung ergeben haben, welche Maß=
nahmen nach Paragraph 5 in Frage kommen und welche Dräntiefen
und Dränabstände nach den Ergebnissen der Bodenuntersuchungen
zweckmäßig erscheinen.

2. Der Kostenüberschlag ist in vereinfachter Form nach Para=
graph 15 aufzustellen. Auf ein Hektar zu dränender Fläche entfallen
bei der Volldränung und bei e Meter Dränabstand etwa n lfd. Meter
Sauger:

e	n	e	n	e	n	e	n
6	1650	13	750	20	480	30	310
7	1410	14	690	21	460	32	290
8	1230	15	650	22	440	34	275
9	1090	16	610	23	420	36	260
10	980	17	570	24	400	38	245
11	890	18	540	26	370	40	230
12	810	19	510	28	340		

An Sammlern können durchschnittlich je Hektar etwa 50 lfd. Meter
in Ansatz gebracht werden, und zwar

$$35 \text{ v. H. mit } 6{,}5\text{=cm=Rohren}$$
$$25 \quad \text{„} \quad \text{„} \quad 8 \quad \text{„}$$
$$20 \quad \text{„} \quad \text{„} \quad 10 \quad \text{„}$$
$$15 \quad \text{„} \quad \text{„} \quad 13 \quad \text{„}$$
$$5 \quad \text{„} \quad \text{„} \quad 16\text{—}20 \quad \text{„}$$

Zu den so berechneten Längen ist ein ausreichender Bruchzuschlag
zu geben.

Die durchschnittlichen Kosten für ein Hektar Dränfläche sind am
Schlusse des Kostenüberschlages zu ermitteln.

3. Für die Übersichtskarte gelten die Vorschriften des Para=
graphen 38.

4. Die Lagepläne sind in Anlehnung an die Vorschriften der
Paragraphen 16 und 38 aufzustellen, brauchen jedoch nur zu ent=
halten: die Grenzen der Gemarkungen, Kartenblätter (Fluren) und
Parzellen, die Parzellennummern, Eigentumsgrenzen, Kulturarten,
die für die Dränung erforderlichen Vorfluter sowie die Bodenunter=
suchungstellen. Außerdem ist auf den Lageplänen anzugeben, welche
Flächen voll und welche nur teilweise gedränt werden sollen und
welche Dräntiefen und Dränabstände auf den einzelnen Flächen in
Aussicht genommen sind. Die Grenzen des Genossenschaftsgebietes
sind kenntlich zu machen.

5. **Längs- und Querschnitte der Vorfluter** sind nur insoweit erforderlich, als sie für den Nachweis der Vorflut oder für die überschlägliche Berechnung der Vorflutkosten nicht entbehrt werden können.

6. Für das **Teilnehmerverzeichnis** gilt Paragraph 37 Absatz 1.

§ 37. Allgemeines.

Bestandteile des Dränplans   (1) Jeder baureife genossenschaftliche Dränplan besteht aus den in den Paragraphen 13—19 und 38 behandelten Bestandteilen und einem Teilnehmerverzeichnis, das nach den amtlichen Bestimmungen aufzustellen ist.

Zeichnerische Darstellung   (2) Für die in einer Mappe vorzulegenden Zeichnungen ist nur bestes, auf Leinwand zu ziehendes Zeichen- oder Lichtpauspapier zu verwenden. Die Größe der Zeichnungen ist möglichst nach dem Normblatt DIN 823 zu bemessen, erforderlichenfalls sind mehrere Stücke klappenartig zu verbinden. Das Unternehmen, der Kreis und der Regierungsbezirk sind auf jeder Zeichnung anzugeben. Sämtliche Entwurfstücke sind von dem Verfasser unter Angabe des Ortes, des Datums und der Amts- oder Berufsbezeichnung zu unterschreiben.

Ausführung   (3) Mit der Ausführung darf erst nach Genehmigung des Plans und nach Bildung der Genossenschaft begonnen werden. Die Arbeiten sind durch den Genossenschaftstechniker zu überwachen; dieser soll Kulturbautechniker sein.

§ 38. Übersichtskarte und Lagepläne.

Übersichtskarte   (1) Jedem Entwurf ist eine Übersichtskarte beizufügen; ihre Größe ist möglichst nach dem Normblatt DIN 823 zu bemessen.

(2) Zu der Übersichtskarte sind Meßtischblätter (1 : 25 000) zu verwenden. Die Nummer des Meßtischblattes ist auf der Übersichtskarte anzugeben. Das Genossenschaftsgebiet ist mit einem kräftigen karminroten Strich zu umrändern und kann karminrot angelegt werden. Auf die Übereinstimmung der Genossenschaftsgrenzen im Übersichts- und im Lageplan ist zu achten. Die Vorfluter sind durch blaue Linien mit Pfeilen in der Gefällerichtung und durch zinnoberrote große Buchstaben zu bezeichnen sowie mit einer Streckenteilung zu versehen, ihre Niederschlaggebiete sind mit zinnoberrot punktierten Linien und blauen Farbstrichen zu begrenzen. Die Größe der Niederschlaggebiete ist mit blauen Zahlen einzutragen. Benachbarte Genossenschaften sind mit brauner Farbe zu kennzeichnen.

(3) Für die Lagepläne der Sonderentwürfe gelten die Vor= Lagepläne
schriften des Paragraphen 16. Das Genossenschaftsgebiet ist mit
einem karminroten Streifen zu umrändern. Es empfiehlt sich, die
Grenzen der Gemarkungen, Kartenblätter (Fluren) und Parzellen,
die Parzellennummern, Eigentumsgrenzen und, falls es erwünscht
ist, auch die Namen der Eigentümer auf einer besonderen Abzeichnung
(Abdruck) der Katasterkarte zu bringen, wenn die Fläche stark zerteilt
ist und der Lageplan sonst unübersichtlich werden würde. In dieser
Nebenkarte, die in der Regel denselben Maßstab wie der Lageplan
erhält, sind auch die Grenzen des Genossenschaftsgebiets anzugeben.
Auf die Übereinstimmung der katastermäßigen Bezeichnungen mit
dem Teilnehmerverzeichnis ist zu achten.

§ 39. Vergebung der Arbeiten.

(1) Die Arbeiten dürfen, sofern sie nicht im Eigenbetriebe aus=
geführt werden, nur einem zuverlässigen Unternehmer übertragen
werden, der über geschulte Arbeitskräfte verfügt; sie sind durch einen
schriftlichen Vertrag zu vergeben.

(2) Dem Vertrage sind die amtlich eingeführten „Technischen Vor=
schriften für Kulturbauarbeiten" (Normblatt DIN 1958) zugrunde zu
legen.

§ 40. Abrechnung und Ausführungszeichnungen.

(1) Die Abrechnung ist nach den Teilen des Kostenanschlages (§ 15) Abrechnung
und nach den Ausführungszeichnungen (§ 26) aufzustellen; die Not=
wendigkeit etwaiger größerer Abweichungen vom Dränplan ist
schriftlich zu erläutern.

(2) Je eine Ausfertigung des genossenschaftlichen Planes mit den Aus-
Ausführungszeichnungen ist von der Genossenschaft und von der führungs-
Aufsichtsbehörde aufzubewahren. zeichnungen

Untersuchung der Mineralböden.

I. Die Beurteilung des Bodens.

Für die Beurteilung des Bodens im Felde ist von Bedeutung:

1. Der Feuchtigkeitsgrad, ob trocken (w_0), frisch (w_1), feucht (w_2), naß (w_3) oder im Grundwasser liegend (w_4). Trockenheit des Bodens verleitet dazu, seinen Gehalt an bindigen Bestandteilen zu unterschätzen, große Feuchtigkeit wirkt in entgegengesetzter Richtung.

2. Die Korngröße (Körnung); sie wird mit der Lupe sowie durch Reiben und Formen zwischen den Fingern untersucht und ist das wichtigste Kennzeichen dafür, ob der Boden als schwer, mittel-schwer oder leicht anzusprechen ist. Die gefühlmäßige Erkennung der im Boden enthaltenen Korngrößen läßt sich oft in einfacher Weise durch Einschlämmen unterstützen. Man benutzt dazu ein mit Inhalts-zahlen versehenes Meßgefäß, beispielsweise die Schlämmflasche von Bennigsen. Nachdem der Boden eingefüllt, mit starkem Wasserzusatz völlig verrührt ist und sich nach einiger Zeit im Meßgefäß abgesetzt hat, gewinnt man ein überschlägliches Bild von dem Anteil der sandigen Bodenteile, die im unteren Teil der abgesetzten Bodensäule unter den feineren tonigen Teilen nötigenfalls mit der Lupe deut-lich zu erkennen sind.

3. Die Lagerungsdichte, ob sehr dicht, z. B. ortsteinähnlich (p_1), dicht (p_2), mäßig porös, löcherig (p_3) oder sehr locker, krümelig (p_4). Sie läßt sich durch Eintreiben eines Messers feststellen, wobei jedoch der Feuchtigkeitsgrad des Bodens zu beachten ist; vgl. auch Ziffer 9.

Auf das Vorkommen einer durch jahrelange Pflugarbeit ohne Untergrundlockerer verursachten verdichteten Pflugsohle ist zu achten.

4. Die Farbe. Besonders wichtig ist es, den Eisengehalt des Bodens zu erkennen. Die Eisenverbindungen haben bei Luftmangel meist olivgrüne oder bläuliche bis schwarze Färbungen, während sie bei genügender Durchlüftung oft eine sehr lebhafte ockergelbe bis rotbraune oder blutrote Farbe annehmen. Auf der Wasseroberfläche der Gräben zeigen sich vielfarbige, wie dünne Ölschichten schillernde

Überzüge und die bekannten rostfarbenen Flockenbildungen. Das Eisenphosphat des Vivianits ist bei Luftabschluß weiß und wird an der Luft schnell blau.

Schwarzfärbung des Bodens deutet größeren Humusgehalt an.

5. Der Geruch. Sand- und Kalkböden sind geruchlos, humose Böden riechen erdig, nasse torfige modrig, tonige haben einen arteigenen, unverkennbaren Tongeruch.

6. Der Kalkgehalt; er wird durch Betropfen mit verdünnter Salzsäure festgestellt. Es zeigt sich

kein Aufbrausen bei weniger als	1	v. H.	Kalkgehalt ($CaCO_3$)
schwaches Aufbrausen bei	1—2	„	„
deutliches Aufbrausen bei	3—4	„	„
stark anhaltendes Brausen bei mehr als	5	„	„

Wenn die Bodenprobe nur an einzelnen Stellen aufbraust, ist der Kalk ungleichmäßig verteilt. Bei demselben Kalkgehalt brausen leichtere Böden stärker auf als schwerere.

7. Die Schichtungsverhältnisse. Es ist zu unterscheiden zwischen Schichten, die meistens eine große Breite und Länge besitzen, Gängen und Adern, die einen kleinen Querschnitt, aber eine mehr oder weniger große Länge haben, Nestern, bei denen Querschnitt und Länge gering sind, und buntgewürfeltem Boden. Wasserführende, sandige Schichten sind besonders genau zu verfolgen. Durch Grab- und Bohrarbeit ist gegebenenfalls zu untersuchen, ob es sich um Sandadern oder Sandnester handelt.

8. Bodenrisse. Sie verlaufen meistens annähernd lotrecht und können offen oder mit Schluff ausgefüllt sein. Quillt beim Ausheben einer Schürfgrube Wasser aus den Rissen, wie es im Frühjahr häufiger der Fall sein wird, so ist es von Bedeutung, ob das Wasser quelligen Ursprungs oder Sickerwasser ist.

9. Durchwurzelung, Wurmlöcher. Wichtig für die Beurteilung der Durchlässigkeit des Bodens ist die überschlägliche Feststellung der Stärke und Tiefe der Durchwurzelung und des Vorkommens von Wurmlöchern. Die Ausbreitung der Pflanzenwurzeln und Wurmlöcher im tieferen Untergrunde, ob nur in Bodenrissen oder auch im ungestörten Boden, ist zu untersuchen: Unterscheidung in starke Durchwurzelung (d_1), mäßige Durchwurzelung (d_2) oder vereinzelte Wurzeln (d_3). Eine Ausbreitung der Wurzeln nur in Bodenrissen weist auf eine große Lagerungsdichte des ungestörten Bodens hin.

10. **Horizontbildungen.** Sie entſtehen durch Einwirkungen des Sicker= oder des Grundwaſſers. Folgende Bodenhorizonte ſind zu unterſcheiden:

Der A=Horizont beſteht aus der Oberkrume. Iſt er mehrteilig, ſo bedeutet A_0 die Bodenſtreuſchicht, A_1 die humoſe Ackerkrume bis Pflugtiefe, Grasſodenſtärke oder humoſe Heideerde, A_2 den Über= gangsboden, bei Sandheide die Bleicherde. Wo eine ſtärkere Aus= waſchung durch Sickerwaſſer (Podſolierung) ſtattgefunden hat, iſt der A=Horizont an kolloidalen Teilchen und kohlenſaurem Kalk verarmt und der untere Teil meiſt ſtark aufgehellt. In Geländemulden iſt die Podſolierung wegen der größeren Verſickerungsmengen ſtärker ausgeprägt als auf den Höhen. In Mulden aufgehäufte Abſchlämm= maſſen werden mit A_3 bezeichnet. Auf Geländekuppen iſt der A=Hori= zont meiſt ſehr ſchwach, es bleibt eine Bodenruine und nach völligem Abſchwemmen des A=Horizontes der oberkrumenloſe Boden übrig.

Der B=Horizont iſt die angereicherte, verdichtete Zwiſchen= ſchicht. Er iſt durch Einlagerungen mit den vom Sickerwaſſer aus dem A=Horizont mitgeführten Kolloiden entſtanden und meiſt roſt= farbig. In ausgeprägten Fällen iſt Ortſteinbildung vorhanden. Ein durchgehender, einheitlicher B=Horizont iſt jedoch faſt nur in Kies= und Sandböden, ſeltener in Lehmböden und nur ausnahmsweiſe in Tonböden zu beobachten. In letzteren treten dann mehr Flecken, Adern oder Streifen von dichterem Boden auf. Bisweilen iſt auch die Pflugſohle des Ackerbodens zum B=Horizont geworden. Die Lage der dichteſten Schicht wird durch Eintreiben eines Meſſers feſtgeſtellt. Ein ausgeprägter B=Horizont erſchwert das Tiefenwachstum der Pflanzen, die Durchlüftung ſowie die Sickerwaſſer= und Kapillar= waſſerbewegung.

Der C=Horizont oder der unveränderte Untergrund (Mutter= geſtein, Geſteinuntergrund).

Der G=Horizont iſt durch Abſätze aus andrängendem Grund= waſſer entſtanden. Die Art, Menge und Tiefenlage der Abſätze läßt Rückſchlüſſe auf die Herkunft des Waſſers, den Grundwaſſerandrang und die Lage des Grundwaſſerſpiegels zu. Zu den häufigſten Ab= ſätzen gehören fleckige, ſtreifige oder ſchalige Eiſenroſtbildungen. In ausgeprägten Fällen bilden ſie Bänke von Raſeneiſenſtein, See=Erz, Vivianit und dgl. Ferner können auch tonige Abſätze von grauer, ſchwarzer, blauer oder grüner Farbe am Grundwaſſerſpiegel auf= treten (Glei=Horizont), durch welche reine Sande in tonige Sande oder in sandige Tone verwandelt werden. Der aus organischen Stoffen frei gewordene Schwefel bildet mit dem im Mineralboden oder Grundwasser vorhandenen Eisen und Aluminium unter Luft= abschluß Schwefelverbindungen, die bei Luftzutritt Schwefelwasser= stoff und Schwefelsäure entwickeln. Beides sind starke Pflanzengifte (Maibolt, Gifterde, Pulvererde).

II. Die Bezeichnung der Bodenarten.

Die Bodenarten sind einheitlich nach Anlage G darzustellen.

Als Beimengungen sind die Hauptbodenarten (Sand, Lehm, Ton, Humus, Kalk) mit kleinen Buchstaben zu bezeichnen, z. B. feinsandiger Lehm $= s_1 L$. Geringe Beimengungen sind mit einem $\smile$, starke mit einem $—$ über dem Buchstaben zu versehen.

Die Bezeichnungen für den Feuchtigkeitsgrad, die Lagerungsdichte und die Durchwurzelung des Bodens sowie für die verschiedenen Teile des A=Horizontes sind unter I Ziffer 1, 3, 9 und 10 angegeben.

III. Die Entnahme von Bodenproben.

Bodenproben, die an eine kulturtechnische Untersuchungstelle ge= schickt werden sollen, sind unter Einmessen der Entnahmetiefe, wenn nicht Abweichungen von der untersuchenden Stelle gewünscht werden, wie folgt zu entnehmen:

1. Aus der Mitte der verschiedenen Bodenhorizonte, soweit sie durch verschiedene Färbung und Lagerungsdichte in Erscheinung treten.

2. Aus allen der chemischen Natur nach (Kalk, Vivianit, Schwefel= eisen usw.) augenscheinlich stärker voneinander abweichenden Schichten.

3. Aus der Mitte der Schichten, Adern und Nester, die sich haupt= sächlich der Körnung nach voneinander unterscheiden. Bei Böden mit ausgefüllten Rissen ist eine Probe aus der Füllmasse der Risse und eine aus der Mitte zwischen zwei Rissen zu nehmen.

Da diese Bedingungen von einzelnen Schichten oft gleichzeitig erfüllt werden, wird man meistens mit 3—4 Bodenproben aus einer Schürfgrube auskommen. Bei gleichartigem Untergrund empfiehlt es sich, die Proben aus 0,0—0,2, 0,4—0,6 und 0,8—1,0 m Tiefe zu entnehmen. Wie viele der vorhandenen Schürfgruben in dieser Weise durch eine kulturtechnische Untersuchungstelle bodenkundlich zu unter= suchen sind, muß von dem Entwurfbearbeiter jeweils bestimmt werden.

Wenn nicht andere Anordnungen getroffen werden, ist ein Mischen der Proben aus verschiedenen Tiefen oder verschiedenen Schürfgruben unzulässig.

Ist der Boden steinig, so ist der Hundertsatz der Steine am Gesamtboden schätzungsweise zu bestimmen.

Die Menge jeder Bodenprobe richtet sich nach dem beabsichtigten Untersuchungsverfahren. Im allgemeinen ist etwa 1 kg Boden erwünscht. Die Proben sind nach Möglichkeit als Bodenschollen aus der Grubenwand herauszubrechen. Damit ihre natürliche Lagerung möglichst erhalten bleibt, dürfen sie nicht geknetet werden.

Bei der Verpackung und dem Versand der Bodenproben ist dafür zu sorgen, daß sie keine Veränderungen erleiden, die das Untersuchungsergebnis beeinflussen können. Zur Aufnahme der Proben sind nur solche Gefäße oder Beutel aus Leinen oder wasserdichtem Papier zu benutzen, die jede Verunreinigung ausschließen. Gefäß oder Beutel müssen zur Kennzeichnung der Probe mit einer Aufschrift oder einem Anhänger versehen werden. Ein Zettel mit gleicher Aufschrift ist zu der Probe in das Gefäß oder den Beutel zu legen. Die Bezeichnung soll enthalten: Ort und Datum, Name des Unternehmens, Nummer der Entnahmestelle, Entnahmetiefe und Kulturart. Die Beschriftung darf nicht mit Kopierstift geschehen.

Anlage B.

Normen für Dränrohre (DIN 1180) [1].

1. Geltungsbereich.

Die Vorschriften gelten für die zu kulturtechnischen Ent- und Bewässerungszwecken verwendeten Dränrohre aus gebranntem Lehm oder Ton.

A. Anforderungen.

2. Werkstoff.

Dränrohre sollen aus hinreichend fettem, nicht zu weit gemagertem, gut durchgearbeitetem, scharf gebranntem Lehm oder Ton ohne schädliche Beimengungen bestehen.

---

[1] Abdruck des Normblattes DIN 1180. Erläuterungen siehe DIN 1180 Beiblatt. Aufgestellt vom Deutschen Ausschuß für Kulturbauwesen, September 1931. Nachdruck, auch auszugsweise, nur mit Genehmigung des Deutschen Normenausschusses gestattet. Das Normblatt ist im Format A 4 beim Beuth-Verlag, Berlin, erhältlich.

3. Form.

Dränrohre sollen gerade und im Querschnitt kreisrund sein; die Schnittflächen sollen eben sein und senkrecht zur Rohrachse stehen.

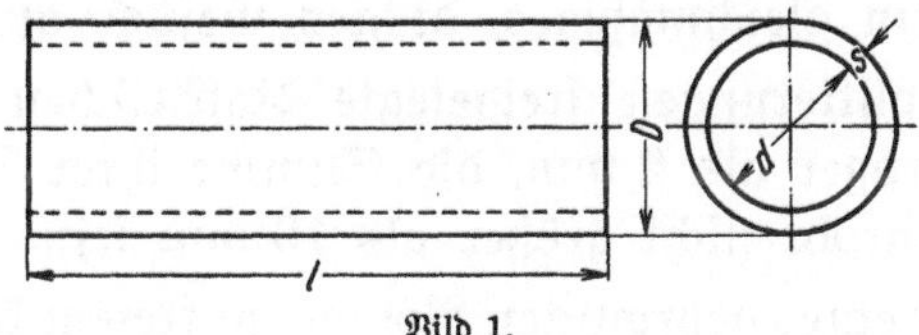

Bild 1.

Zulässige Abweichungen: Das Krümmungsmaß bzw. der schiefe Schnitt der Rohre, $\frac{100\,(l_{\max} - l_{\min})}{D}$, soll durchschnittlich den Wert 4 nicht überschreiten. Dabei ist die größte Rohrlänge $l_{\max}$ im Bogen und die kleinste $l_{\min}$ in der Sehne zu messen.

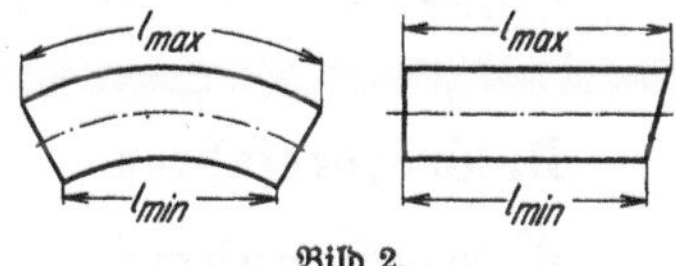

Bild 2.

4. Abmessungen und Bruchlast.

Lichte Weite			Rohrlänge l	Wanddicke s		Bruchlast
Nenndurch-messer d	Zulässige Abweichungen gemäß B 7					jedes einzel-nen Rohres
	vom Durch-messer	von der Kreisform		Kleinstmaß	Größtmaß	mindestens [1]
mm			mm	mm	mm	kg
40				7,5	11	280
50		bei keinem	im Durchschnitt	8	12	370
65		Rohr über	333 ± 5	8,8	14	540
80		12 v. H.,	(übergangsweise	9,5	16	740
100	+5 v. H.	im Durch-	300 ± 5)	10,5	18	1000
130	−3 v. H.	schnitt der		12	20	1400
160		Proben		14	23	2000
(180)[2]		bis zu	333 ± 5 (300 ± 5) 500 ± 7	15	24	2400
200		6 v. H.		16	26	2800

5. Beschaffenheit.

Die innere Wandung der Dränrohre soll glatt und frei von Aufrauhungen, Drachenzähnen, Auftreibungen, aufgeklebten, festgebrannten Tonteilchen und durchgehenden Rissen sein.

---

[1] Von 15 geprüften Rohren dürfen höchstens 2 die Mindestbruchlast unterschreiten. Werden wegen besonders frostgefährdeter Lage größere Anforderungen an die Frostbeständigkeit der Dränrohre gestellt, so sind die Mindestbruchlasten um 30 v. H. zu erhöhen.

[2] Siehe DIN 1180 Beiblatt, Lichte Weite.

Die Schnittflächen sollen an der inneren Rohrwandung keine Grate oder scharfen Kanten haben.

Die Bruchflächen der Scherben sollen einen der Sinterung nahen Zustand und ein gleichmäßiges, dichtes Gefüge aufweisen.

Durch Absplitterungen freigelegte Kalkteilchen der Dränrohre dürfen nicht größer als 2 mm, die Summe ihrer Durchmesser darf an einem Dränrohr nicht größer als 10 mm sein.

Der Gehalt eines gebrannten Rohres an freiem kohlensauren Kalk soll nicht größer als 0,5 Gewichtsprozent des trockenen Rohres sein.

Dränrohre sollen im lufttrockenen Zustande beim Anschlagen mit einem metallenen Gegenstand, z. B. Hammer oder Legehaken, einen reinen, hohen Klang geben.

Dränrohre sollen nach Möglichkeit das Zeichen der Erzeugerfirma tragen.

B. Prüfverfahren.

6. Probenahme.

Bei der einfachen Prüfung werden die Dränrohre ohne besondere Probenauswahl nach dem Augenschein, dem Klang, den Abmessungen und gegebenenfalls der Bruchlast geprüft.

Ergeben sich bei der einfachen Prüfung Zweifel, ob Teile der Lieferung den Anforderungen entsprechen, so werden sie einer eingehenden Prüfung unterzogen. Die Anzahl der zu prüfenden Rohre richtet sich dabei nach dem Umfang der zunächst noch zweifelhaften Teile der Lieferung. Um den Durchschnitt dieser Rohre zu erfassen, genügt es, wenn etwa 1 v. H. derselben, jedoch mindestens 15 Stück, die an verschiedenen Stellen wahllos zu entnehmen sind, geprüft werden. Über die Durchführung der Probenahme haben sich die beteiligten Stellen vorher zu einigen. Empfohlen wird, vor Entnahme der Rohre die Lage der zu wählenden Rohre nach Schicht und Reihe im einzelnen Stapel zu vereinbaren.

7. Abmessungen.

Die lichte Weite d eines Rohres wird ermittelt, indem an jedem Rohrende der größte (d_{max}) und kleinste (d_{min}) innere Durchmesser gemessen und aus den 4 Werten das arithmetische Mittel gebildet wird.

Die Abweichung von der Kreisform ist für jedes Rohrende aus den gemessenen Durchmessern zu berechnen und in v. H. der lichten Weite ausgedrückt.

$$\frac{100\,(d_{\max} - d_{\min})}{d}.$$

Die Rohrlänge wird als Mittel aus der längsten und der kürzesten Mantellinie berechnet, wobei die kürzeste Mantellinie bei gekrümmten Rohren als Sehne zu messen ist.

Die Wanddicke wird an jedem Rohr an 2 gegenüberliegenden Stellen mit der Schieblehre gemessen und aus den vier Werten das Mittel gebildet.

8. Ebenheit der Schnittflächen.

Die Ebenheit wird durch die Höhe der größten durchgehenden Lücke in mm ausgedrückt, die bei dem Auflegen einer ebenen Glasplatte auf eine Schnittfläche zwischen Glasplatte und Schnittfläche entsteht. Die Höhe der Lücke wird gemessen, indem z. B. ein Maßstab von 2 mm Breite und 1 : 20 Neigung in den größten sichtbaren Zwischenraum zwischen Schnittfläche und Glasplatte eingeschoben wird. Dabei darf die größte an jedem Rohrende festgestellte durchgehende Lücke durchschnittlich nicht mehr als 2 mm, bei keinem Rohr mehr als 3,5 mm hoch sein.

9. Bruchlast.

Die Bruchlast wird ermittelt, indem das zu untersuchende lufttrockene, gebrannte Dränrohr in zwei Drahtseilschlaufen von 10 mm Dicke und 250 mm Abstand gelagert und durch eine dritte, in der Mitte zwischen den ersteren angeordnete gleichartige Drahtseilschlaufe allmählich bis zum Bruch belastet wird. Jede Drahtseilschlaufe soll annähernd den halben Rohrumfang umschließen.

Wird mit Rücksicht auf den Herstellungsgang die Wanddicke der Dränrohre ausnahmsweise größer als angegeben gewählt, so erhöht sich auch die Mindestbruchlast. Sie wird dann

$$P = 50 \cdot s \cdot (d + s)\ \mathbf{kg,}$$

worin s die Wanddicke und d die lichte Weite, beide in cm, bedeuten.

Die Bruchlast ist, abgesehen von dem Einfluß von Rissen und Ab=
splitterungen, ein Prüfmaßstab für die Güte des Rohstoffes und die
Schärfe des Brandes. Je höher der Wert

$$\frac{P}{s(d+s)},$$

desto größer ist die Dauerhaftigkeit des Dränrohres.

Rohre mit erkennbaren Rissen dürfen für die Ermittlung der
Bruchlast nicht verwendet werden.

10. Gleichmäßigkeit des Werkstoffes.

Das zu prüfende Rohr wird in eine flache Schale mit Wasser
gestellt, wobei es mit dem unteren Ende etwa 7 mm tief eintauchen
soll. Ein zylindrisches Glasgefäß wird sodann über Rohr und Schale
gestülpt, um Verdunsten des Wassers zu verhindern. Das durch
kapillaren Aufstieg verbrauchte Wasser ist von Zeit zu Zeit durch
vorsichtiges Nachgießen zu ergänzen. Nach etwa 1, 2, 4, 6, 8 und
24 Stunden werden die von dem Kapillarwasser erreichten Höhen=
grenzen mit einem Bleistift nachgezogen, ohne dabei das Rohr aus
dem Wasser zu nehmen. Die derart erhaltenen Höhenlinien sollen
möglichst waagerecht verlaufen, ein gekrümmter Verlauf zeigt an,
daß der Werkstoff ungleichmäßig gemischt, gepreßt oder gebrannt
wurde.

Die Steighöhenkonstante $\frac{h^2}{t}$ (h = kapillare Steighöhe über dem
Wasserspiegel in cm, t = Steigzeit in Stunden) ist für Rohre aus
dem gleichen Rohstoff um so kleiner, je schärfer das Rohr gebrannt ist.

11. Kalkgehalt.

Für die Prüfung auf Kalknieren legt man die Rohre 48 Stunden
lang in Wasser und mißt dann den Durchmesser der durch Abspren=
gungen freigelegten Kalkteilchen. Weniger als 2 Wochen alte Rohre
sollen zu dieser Prüfung nicht verwendet werden.

Zur Feststellung des Gehaltes an kohlensaurem Kalk werden Teil=
stücke des zu prüfenden Rohres bis auf 1 mm Korngröße gepulvert
und sodann mit dem Scheiblerschen Kalkbestimmungsapparat unter=
sucht, sofern durch genügend lange Lagerung der Rohre oder des
Scherbenpulvers die Sicherheit besteht, daß sich der vorhandene freie
Kalk in kohlensauren Kalk verwandelt hat.

<u>**Anlage C.**</u>

Berechnung der Rohrweiten nebst einer Tabelle der Wassermengen und Wassergeschwindigkeiten.

Da die Formel von Eytelwein-Vincent, die in der Schlesischen Anweisung von 1911 verwendet ist, größere Wassergeschwindigkeiten in den Rohren ergibt, als sie in Wirklichkeit auftreten, ist mit der vereinfachten Formel von Kutter[1] zu rechnen, deren Ergebnisse der tatsächlichen Wasserführung besser entsprechen:

$$v = \frac{5 \cdot d}{0{,}6 + \sqrt{d}} \cdot \sqrt{h},$$

$$Q = \frac{3927 \cdot d^3}{0{,}6 + \sqrt{d}} \cdot \sqrt{h}.$$

In diesen Formeln sind

v die Wassergeschwindigkeit in m/sec } im voll laufenden
Q die Wassermenge in l/sec　　　　　　Rohr,

d der innere Rohrdurchmesser in m (Rohrweite),

h das Wasserspiegelgefälle in m auf 100 m Länge (bei sehr kleinen Gefällen ist zu beachten, daß das Wasserspiegelgefälle eines Sammlers geringer sein kann als das Gefälle seiner Grabensohle).

Die Werte Q und v sind für verschiedene Gefälle und Rohrweiten in der angeschlossenen Tabelle 3 zusammengestellt. Diese ist für alle

---

[1] Wenn man die Abflußspenden 0,40, 0,55, 0,70, 0,85 und 1,00 l/sec ha zugrunde legt und nach der vereinfachten Kutterschen Formel rechnet, erhält man dieselben Rohrweiten, die sich nach der Schlesischen Anweisung von 1911 mit den folgenden Abflußspenden ergeben würden:

Formel	Rohrweite in cm	Abflußspenden in l/sec · ha				
Kutter	—	0,40	0,55	0,70	0,85	1,00
Eytelwein-Vincent. (Schlesische Anweisung 1911)	6,5	0,52	0,72	0,92	1,11	1,31
	8	0,50	0,68	0,87	1,05	1,24
	10	0,48	0,65	0,83	1,01	1,19
	13	0,45	0,62	0,79	0,96	1,13
	16	0,43	0,59	0,75	0,91	1,07
	18	0,42	0,58	0,74	0,90	1,05
	20	0,41	0,57	0,72	0,87	1,03

Die Kuttersche Formel führt demnach in großem Durchschnitt bei einer Abflußspende von 0,55 (oder 0,70) l/sec · ha zu etwa denselben Rohrweiten wie die Schlesische Anweisung von 1911 bei einer solchen von 0,65 (oder 0,80) l/sec · ha.

Abflußspenden verwendbar, wenn man die jeweils abzuführende Wassermenge Q aus der Dränfläche F und der Abflußspende q mit dem Rechenschieber oder durch besondere, leicht herstellbare Tabellen oder Tafeln ermittelt:

$$Q = F \cdot q$$

F ist in ha, q in l/sec . ha in die Formel einzusetzen.

Aus der in Anlage M dargestellten Tafel sind außerdem die Rohr=weiten d und Wassergeschwindigkeiten v für verschiedene Drän=flächen und für die Abflußspenden $q = 0{,}40$, $0{,}55$, $0{,}70$, $0{,}85$ und $1{,}00$ l/sec · ha unmittelbar zu entnehmen; Zwischenwerte lassen sich leicht einschalten.

Allen Berechnungen der Werte d und v liegt die Annahme zu=grunde, daß bei einem Abfluß von q l/sec · ha kein Überdruck in der Rohrleitung entsteht, diese vielmehr gerade gefüllt ist.

Die Abflußspende ist um so größer zu wählen, je durchlässiger der Boden, je größer die Niederschläge mit etwaigem Fremdwasser und je flacher das Gelände ist. Die folgende Tabelle 1 kann als Anhalt für die Wahl der Abflußspenden dienen, wenn das Drängebiet flach ist und keinen besonders starken Fremdwasserzufluß aufweist:

Tabelle 1.

Mittlerer Jahresniederschlag	Für schwere und mittel-schwere Böden	Für leichte Böden[1]
Unter 650 mm (Norddeutschland) . .	0,40 l/sec · ha	0,55 l/sec · ha
650—750 mm.	0,40—0,55 „ .	0,55—0,70 „
Über 750 mm (Gebirge)	0,55—0,70 „	0,70—0,85 „

Die für gebirgige Lagen angegebenen Abflußspenden können bei starker Geländeneigung ermäßigt werden. Alle Abflußspenden bedür=fen bei besonders großem Zufluß von Fremdwasser unter Umständen auch noch einer Erhöhung.

In den Dränrohren dürfen, wenn q l/sec · ha von der gedränten Fläche abfließen, wenn also die Rohre gerade gefüllt sind und kein Überdruck vorhanden ist, die Wassergeschwindigkeiten v der Tabelle 2 nicht unterschritten werden. Daraus ergeben sich die folgenden Mindestgefälle h für Rohrweiten von 4—10 cm. Bei größeren Rohr=weiten sind die Mindestgefälle der letzten Spalte zu verwenden (Ausnahme § 29 Abs. 4):

---

[1] Weniger als 30 v. H. mit einer Korngröße unter 0,02 mm.

Tabelle 2.

Bodenart		Rohrweite in cm					
		4	5	6,5	8	10	> 10
Triebsand	v	—	0,20	0,30	0,30	0,35	—
	h	—	0,45	0,60	0,45	0,40	0,40
Mineral= und Moorböden, wenn	v	—	0,18	0,25	0,25	0,30	—
stark eisen= oder schwefelhaltig	h	—	0,35	0,40	0,30	0,30	0,30
Böden mit nennenswertem Gehalt	v	0,15	0,15	0,20	0,20	0,25	—
an gewöhnlichen Sanden	h	0,35	0,25	0,30	0,20	0,20	0,20
Schwere Böden und Moorböden,	v	0,12	0,12	0,15	0,15	0,20	—
wenn ohne größeren Eisen= oder Schwefelgehalt	h	0,20	0,15	0,15	0,15	0,15	0,15

Größere Geschwindigkeiten und Gefälle sind jedoch dringend er=
wünscht, da gerade von ihnen die Lebensdauer der Dränungen in
besonderem Maße abhängt.

Wenn bei schrittweiser Dränung die Rohrweiten der Sammler
für eine Volldränung berechnet werden, damit nötigenfalls später
weitere Sauger angeschlossen werden können, ist unter Umständen
die Wassergeschwindigkeit in den Sammlern bei der gewählten Ab=
flußspende wegen der geringeren Abflußmengen kleiner als bei der
Volldränung. Sind vorläufig nur f v. H. der vollen Fläche F durch
Sauger an einen Sammler angeschlossen und geht man davon aus,
daß nur diese Teilfläche den Sammler speist, so beträgt die Wasser=
geschwindigkeit etwa g v. H. der in der Tabelle 3 angegebenen Werte:

$$f = 10 \quad 20 \quad 30 \quad 40 \quad 50\text{—}100 \text{ v. H.}$$
$$g = 60 \quad 75 \quad 85 \quad 95 \quad \quad 100 \quad \text{„}$$

Bei kleinen Gefällen kann es nötig sein, auf diese Verringerung der
Wassergeschwindigkeit Bedacht zu nehmen, damit die Mindest=
geschwindigkeiten der Tabelle 2 nicht unterschritten werden (§ 5
Abs. 3 und 4).

Beispiel: Von einer Triebsand führenden Fläche, die 3,20 ha
groß ist, sollen 0,95 ha = 30 v. H. bei $h = 0,60$ und $q = 0,55$ l/sec · ha
durch Sauger an den Sammler angeschlossen werden. Dann ist bei
Volldränung $Q = 3,20 \cdot 0,55 = 1,76$ l/sec, ferner nach Tabelle 3
$d = 8$ cm und $v = 0,35$ m/sec. Da aber bei der beabsichtigten
schrittweisen Dränung $f = 30$ v. H. und daher $g = 85$ v. H. ist, so
vermindert sich v auf $0,35 \cdot 0,85 = 0,30$ m/sec. Diese Wasser=
geschwindigkeit ist nach Tabelle 2 gerade noch ausreichend.

Tabelle 3. Wassermengen und Wassergeschwindigkeiten.
(Die Geschwindigkeiten sind in Klammern angegeben.)

h v.H.	Rohrweite in cm											h v.H.
	4	5	6,5	8	10	13	16	18	20	25	30	
0,10	0,10 (0,08)	0,19 (0,10)	0,40 (0,12)	0,72 (0,14)	1,36 (0,17)	2,84 (0,21)	5,09 (0,25)	7,07 (0,28)	9,49 (0,30)	17,64 (0,36)	29,21 (0,41)	0,10
0,15	0,12 (0,10)	0,23 (0,12)	0,49 (0,15)	0,88 (0,18)	1,66 (0,21)	3,48 (0,26)	6,23 (0,31)	8,66 (0,34)	11,62 (0,37)	21,60 (0,44)	35,78 (0,51)	0,15
0,20	0,14 (0,11)	0,27 (0,14)	0,56 (0,17)	1,02 (0,20)	1,92 (0,24)	4,02 (0,30)	7,19 (0,36)	10,00 (0,39)	13,42 (0,43)	24,95 (0,51)	41,31 (0,58)	0,20
0,25	0,16 (0,13)	0,30 (0,15)	0,63 (0,19)	1,14 (0,23)	2,14 (0,27)	4,49 (0,34)	8,04 (0,40)	11,18 (0,44)	15,00 (0,48)	27,89 (0,57)	46,19 (0,65)	0,25
0,30	0,17 (0,14)	0,33 (0,17)	0,69 (0,21)	1,25 (0,25)	2,35 (0,30)	4,92 (0,37)	8,81 (0,44)	12,25 (0,48)	16,43 (0,52)	30,55 (0,62)	50,60 (0,72)	0,30
0,35	0,19 (0,15)	0,35 (0,18)	0,75 (0,22)	1,35 (0,27)	2,54 (0,32)	5,31 (0,40)	9,52 (0,47)	13,23 (0,52)	17,75 (0,56)	33,00 (0,67)	54,65 (0,77)	0,35
0,40	0,20 (0,16)	0,38 (0,19)	0,80 (0,24)	1,44 (0,29)	2,71 (0,35)	5,68 (0,43)	10,17 (0,51)	14,14 (0,56)	18,97 (0,60)	35,28 (0,72)	58,43 (0,83)	0,40
0,45	0,21 (0,17)	0,40 (0,20)	0,85 (0,26)	1,53 (0,30)	2,88 (0,37)	6,03 (0,45)	10,79 (0,54)	15,00 (0,59)	20,12 (0,64)	37,42 (0,76)	61,97 (0,88)	0,45
0,50	0,22 (0,18)	0,42 (0,21)	0,89 (0,27)	1,61 (0,32)	3,03 (0,39)	6,35 (0,48)	11,37 (0,57)	15,81 (0,62)	21,21 (0,68)	39,44 (0,80)	65,32 (0,92)	0,50
0,60	0,24 (0,19)	0,46 (0,24)	0,98 (0,29)	1,76 (0,35)	3,32 (0,42)	6,96 (0,52)	12,46 (0,62)	17,32 (0,68)	23,24 (0,74)	43,21 (0,88)	71,56 (1,01)	0,60
0,70	0,26 (0,21)	0,50 (0,25)	1,06 (0,32)	1,91 (0,38)	3,59 (0,46)	7,51 (0,57)	13,46 (0,67)	18,71 (0,74)	25,10 (0,80)	46,67 (0,95)	77,29 (1,09)	0,70
0,80	0,28 (0,22)	0,53 (0,27)	1,13 (0,34)	2,04 (0,41)	3,83 (0,49)	8,03 (0,61)	14,39 (0,72)	20,00 (0,79)	26,83 (0,85)	49,89 (1,02)	82,63 (1,17)	0,80
0,90	0,30 (0,24)	0,57 (0,29)	1,20 (0,36)	2,16 (0,43)	4,07 (0,52)	8,52 (0,64)	15,26 (0,76)	21,21 (0,83)	28,46 (0,91)	52,92 (1,08)	87,64 (1,24)	0,90
1,00	0,31 (0,25)	0,60 (0,30)	1,26 (0,38)	2,28 (0,45)	4,29 (0,55)	8,98 (0,68)	16,08 (0,80)	22,36 (0,88)	30,00 (0,95)	55,78 (1,14)	92,38 (1,31)	1,00
1,25	0,35 (0,28)	0,67 (0,34)	1,41 (0,43)	2,55 (0,51)	4,79 (0,61)	10,04 (0,76)	17,98 (0,89)	25,00 (0,98)	33,54 (1,07)	62,37 (1,27)	103,29 (1,46)	1,25
1,50	0,38 (0,31)	0,73 (0,37)	1,54 (0,47)	2,79 (0,55)	5,25 (0,67)	11,00 (0,83)	19,70 (0,98)	27,38 (1,08)	36,74 (1,17)	68,32 (1,39)	113,14 (1,60)	1,50
1,75	0,42 (0,33)	0,79 (0,40)	1,67 (0,50)	3,01 (0,60)	5,67 (0,72)	11,88 (0,90)	21,28 (1,06)	29,58 (1,16)	39,69 (1,26)	73,79 (1,50)	122,21 (1,73)	1,75
2,00	0,44 (0,35)	0,84 (0,43)	1,78 (0,54)	3,22 (0,64)	6,06 (0,77)	12,70 (0,96)	22,75 (1,13)	31,62 (1,24)	42,43 (1,35)	78,89 (1,61)	130,65 (1,85)	2,00
2,25	0,47 (0,38)	0,89 (0,46)	1,89 (0,57)	3,42 (0,68)	6,43 (0,82)	13,47 (1,02)	24,13 (1,20)	33,54 (1,32)	45,00 (1,43)	83,67 (1,70)	138,57 (1,96)	2,25
2,50	0,50 (0,40)	0,94 (0,48)	1,99 (0,60)	3,60 (0,72)	6,78 (0,86)	14,20 (1,07)	25,43 (1,26)	35,35 (1,39)	47,43 (1,51)	88,20 (1,80)	146,07 (2,07)	2,50
h v.H.	4	5	6,5	8	10	13	16	18	20	25	30	h v.H.
	Rohrweite in cm											

Tabelle 3 (Fortsetzung).

h v.H.	Rohrweite in cm											h v.H.
	4	5	6,5	8	10	13	16	18	20	25	30	
2,75	0,52 (0,41)	0,99 (0,50)	2,09 (0,63)	3,78 (0,75)	7,11 (0,90)	14,89 (1,12)	26,67 (1,33)	37,08 (1,46)	49,75 (1,58)	92,50 (1,88)	153,20 (2,17)	2,75
3,00	0,54 (0,43)	1,03 (0,53)	2,18 (0,66)	3,94 (0,78)	7,42 (0,95)	15,56 (1,17)	27,86 (1,39)	38,73 (1,52)	51,96 (1,65)	96,62 (1,97)	160,01 (2,26)	3,00
3,50	0,59 (0,47)	1,12 (0,57)	2,36 (0,71)	4,26 (0,85)	8,02 (1,02)	16,80 (1,27)	30,09 (1,50)	41,83 (1,64)	56,12 (1,79)	104,36 (2,13)	172,83 (2,45)	3,50
4,00	0,63 (0,50)	1,19 (0,61)	2,52 (0,76)	4,55 (0,91)	8,57 (1,09)	17,96 (1,35)	32,17 (1,60)	44,72 (1,76)	60,00 (1,91)	111,56 (2,27)	184,76 (2,61)	4,00
4,50	0,67 (0,53)	1,26 (0,64)	2,68 (0,81)	4,83 (0,96)	9,09 (1,16)	19,05 (1,44)	34,12 (1,70)	47,43 (1,86)	63,64 (2,03)	118,33 (2,41)	195,97 (2,77)	4,50
5,00	0,70 (0,56)	1,33 (0,68)	2,82 (0,85)	5,09 (1,01)	9,58 (1,22)	20,08 (1,51)	35,97 (1,79)	50,00 (1,96)	67,08 (2,14)	124,73 (2,54)	206,57 (2,92)	5,00
6,00	0,77 (0,61)	1,46 (0,74)	3,09 (0,93)	5,58 (1,11)	10,50 (1,34)	22,00 (1,66)	39,40 (1,96)	54,77 (2,15)	73,48 (2,34)	136,64 (2,78)	226,29 (3,20)	6,00
7,00	0,83 (0,66)	1,58 (0,80)	3,34 (1,01)	6,03 (1,20)	11,34 (1,44)	23,76 (1,79)	42,56 (2,12)	59,16 (2,32)	79,37 (2,53)	147,58 (3,01)	244,42 (3,46)	7,00
8,00	0,89 (0,71)	1,69 (0,86)	3,57 (1,08)	6,44 (1,28)	12,12 (1,54)	25,40 (1,91)	45,50 (2,26)	63,24 (2,49)	84,85 (2,70)	157,77 (3,21)	261,30 (3,70)	8,00
9,00	0,94 (0,75)	1,79 (0,91)	3,78 (1,14)	6,83 (1,36)	12,86 (1,64)	26,95 (2,03)	48,25 (2,40)	67,08 (2,64)	90,00 (2,86)	167,34 (3,41)	277,15 (3,92)	9,00
10,00	0,99 (0,79)	1,88 (0,96)	3,99 (1,20)	7,20 (1,43)	13,55 (1,73)	28,40 (2,14)	50,87 (2,53)	70,71 (2,78)	94,87 (3,02)	176,40 (3,59)	292,14 (4,13)	10,00
11,00	1,04 (0,83)	1,98 (1,01)	4,18 (1,26)	7,55 (1,50)	14,22 (1,81)	29,79 (2,24)	53,35 (2,65)	74,16 (2,91)	99,50 (3,17)	185,01 (3,77)	306,40 (4,33)	11,00
12,00	1,09 (0,87)	2,06 (1,05)	4,37 (1,32)	7,89 (1,57)	14,85 (1,89)	31,11 (2,34)	55,72 (2,77)	77,46 (3,04)	103,92 (3,31)	193,23 (3,94)	320,02 (4,53)	12,00
13,00	1,13 (0,90)	2,15 (1,09)	4,55 (1,37)	8,21 (1,63)	15,45 (1,97)	32,38 (2,44)	58,00 (2,88)	80,62 (3,17)	108,17 (3,44)	201,12 (4,10)	333,09 (4,71)	13,00
14,00	1,18 (0,94)	2,23 (1,14)	4,72 (1,42)	8,52 (1,70)	16,04 (2,04)	33,61 (2,53)	60,18 (2,99)	83,66 (3,29)	112,25 (3,57)	208,71 (4,25)	345,66 (4,89)	14,00
15,00	1,22 (0,97)	2,31 (1,18)	4,89 (1,47)	8,82 (1,75)	16,60 (2,11)	34,79 (2,62)	62,30 (3,10)	86,60 (3,40)	116,19 (3,70)	216,04 (4,40)	357,80 (5,06)	15,00
16,00	1,26 (1,00)	2,38 (1,21)	5,05 (1,52)	9,11 (1,81)	17,14 (2,18)	35,93 (2,71)	64,34 (3,20)	89,44 (3,51)	120,00 (3,82)	223,13 (4,55)	369,53 (5,23)	16,00
17,00	1,30 (1,03)	2,46 (1,25)	5,20 (1,57)	9,39 (1,87)	17,67 (2,25)	37,03 (2,79)	66,32 (3,30)	92,19 (3,62)	123,69 (3,94)	229,99 (4,69)	380,90 (5,39)	17,00
18,00	1,33 (1,06)	2,53 (1,29)	5,35 (1,61)	9,66 (1,92)	18,18 (2,32)	38,11 (2,87)	68,24 (3,39)	94,86 (3,73)	127,28 (4,05)	236,66 (4,82)	391,94 (5,54)	18,00
19,00	1,37 (1,09)	2,60 (1,32)	5,50 (1,66)	9,93 (1,97)	18,68 (2,38)	39,15 (2,95)	70,11 (3,49)	97,46 (3,83)	130,77 (4,16)	243,15 (4,95)	402,69 (5,70)	19,00
20,00	1,40 (1,12)	2,67 (1,36)	5,64 (1,70)	10,19 (2,03)	19,17 (2,44)	40,17 (3,03)	71,93 (3,58)	100,00 (3,93)	134,16 (4,27)	249,46 (5,08)	413,15 (5,84)	20,00
h v.H.	4	5	6,5	8	10	13	16	18	20	25	30	h v.H.
	Rohrweite in cm											

Anlage D.

Massenberechnung der Sammler.

| Nummer der Abteilung | Bezeichnung der Sammler | Gefälle der Sammler v. H. | Entwässerungsgebiet[1] ha | Rohrweite in cm | | | | | | | | Bemerkungen |
| | | | | 5 | 6,5 | 8 | 10 | 13 | 16 | 18 | 20 | |
				Länge der Sammlerstrecken in m								
4	a	1,45	1,44	78								
	a	0,70	2,14		29							
	a	0,70	3,76			98						
	b	0,20	0,48	48								
	b	0,20	0,89		59							
	b	0,50	1,32		52							
	a	0,70	5,77				58					
	c	0,20	0,51	116								
	c	0,20	0,71		30							
	a	0,70	6,52				24					
Gesamtlänge in m				1497	1726	1247	1062	797				
Davon Tonmuffenrohre in m .				.	.	8	.	.				
Stückzahl ohne Tonmuffenrohre				4491	5178	3717	3186	2391				

[1] Für das untere Ende der betreffenden Sammlerstrecke.

Anlage E.

Massenberechnung der Sauger.

| I. 4 cm-Rohre | | | | II. 5 cm-Rohre | | | |
Dränabteilung	Nummern der Sauger	Dräntiefe	Länge in m	Dränabteilung	Nummern der Sauger	Dräntiefe	Länge in m
				4	1—49	1,00	4887
Gesamtlänge in m			.	Gesamtlänge in m			37941
Davon Tonmuffenrohre in m .			.	Davon Tonmuffenrohre in m .			9
Stückzahl ohne Tonmuffenrohre			.	Stückzahl ohne Tonmuffenrohre			113796

Stückzahl und Gewicht der Rohre (ohne Bruchzuschlag).

Rohrweite in cm	Stückzahl aller Rohre[1]	Hakenrohre Stück	Lochrohre Stück	Lochrohre Lochweite cm	Übergangrohre Stück	Übergangrohre Übergangweite cm	Astrohre Stück	Astrohre Astweite cm	Schlußrohre Stück	Gewöhnliche Rohre Stück	Gewicht Tonnen je 1000[2]	Gewicht Tonnen (1000 kg)	Bemerkungen
4	—	—	—	—	—	—	—	—	—	—	—	—	
5	4491	3	166	5	14	6,5	—	—	—	4308	1,25	5,61	Sammler
5	113796	342	—	—	—	—	—	—	342	113112	1,25	142,25	Sauger
6,5	5178	5	74	5	12	8	—	—	—	5087	1,80	9,32	
8	3717	—	59	5	6	10	—	—	—	3649	2,30	8,55	
8			3	6,5									
10	3186	—	34	5	3	13	—	—	—	3147	3,45	10,99	
10			2	6,5									
13	2391	—	12	5	—	—	—	—	—	2379	4,95	11,84	
16	—	—	—	—	—	—	—	—	—	—	—	—	
18	—	—	—	—	—	—	—	—	—	—	—	—	
20	—	—	—	—	—	—	—	—	—	—	—	—	

Summe: 188,56 = rd. 189 Tonnen

[1] Ohne Tonmuffenrohre. [2] Nach Angabe der Lieferfirma.

Zeichenerklärung
für die
Lagepläne, Bodenkarten, Bodendurchschnitte und Längsschnitte

Zeichen für	in schwarzer Darstellung	in farbiger Darstellung [1]

I. Lagepläne

Zeichen für	in schwarzer Darstellung	in farbiger Darstellung
Grenzen der Gemarkungen		
Grenzen der Kartenblätter (Fluren)		
Eigentumsgrenzen		
Grenze des Genossenschaftsgebietes		
Hofräume	*Hf*	dunkelgrau (chinesische Tusche)
Ackerland	*A*	grünlichbraun
Gärten - Weingärten - Hausgärten	*G - WG - Hg*	dunkelgrün
Wiesen	*W*	gelbgrün
Weiden	*V*	blaugrün
Holzungen	*H*	hellgrau (chinesische Tusche)
Wasserstücke	*Wa*	hellblau (Preußischblau)
Oedland - Unland	*O - U*	gelb

[1] Siehe § 5 der Bestimmungen über die Anwendung gleichmäßiger Signaturen vom 20. Dezember 1879.

Dränanweisung. 5. Aufl.

Verlag von Julius Springer in Berlin.

Zeichen für	in schwarzer Darstellung	in farbiger Darstellung

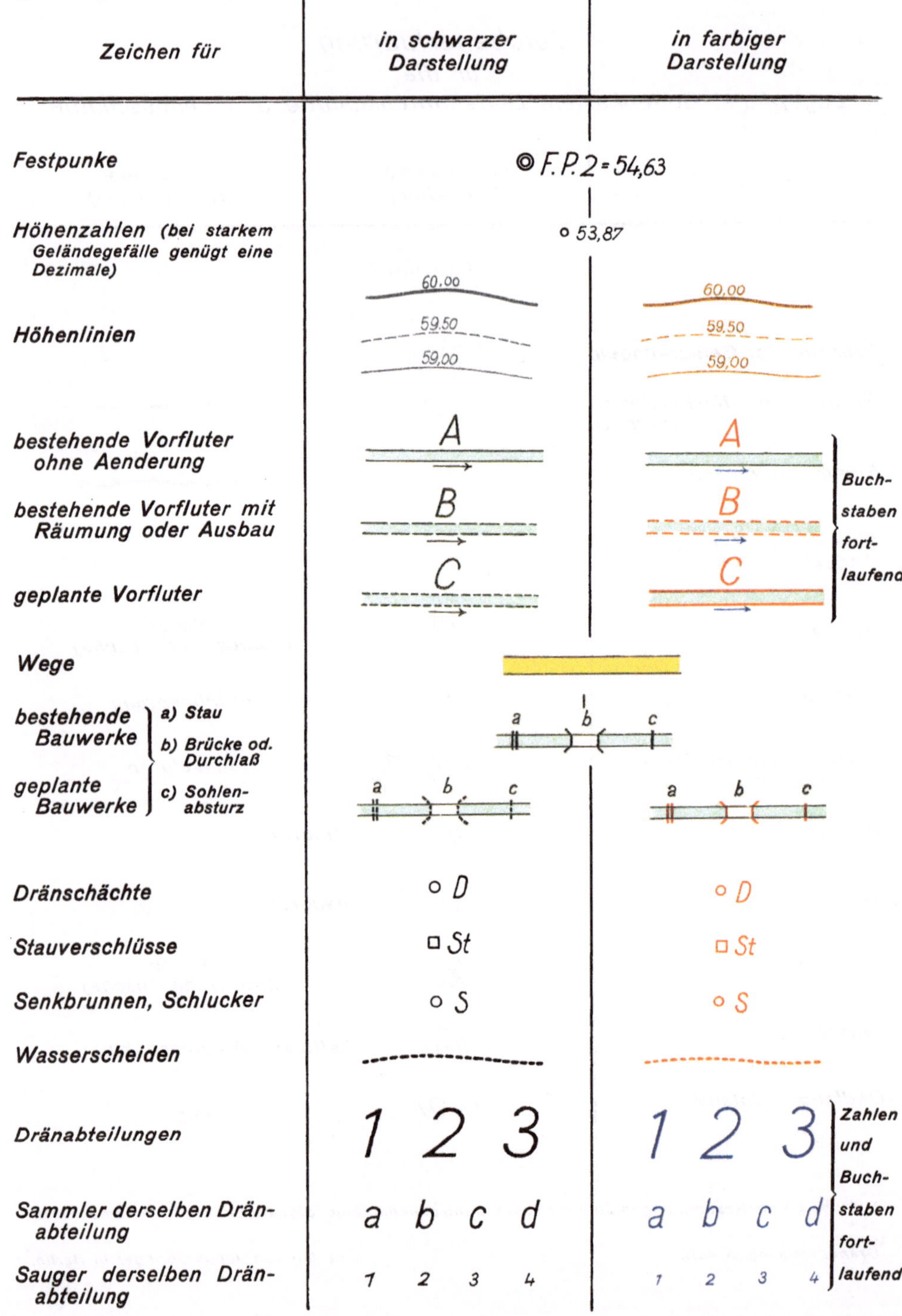

Zeichen für	in schwarzer Darstellung	in farbiger Darstellung
Sammler oben: Gefällbrechpunkte mit Höhen der Grabensohle unten: Wechsel der Rohrweiten	1,40% ▲ 53,16 0,96% ▲ 52,71 ◑ 13 cm ◑ 8 cm 10 cm	1,40% ▲ 53,16 0,96% ▲ 52,71 ◑ 13 cm ◑ 8 cm 10 cm
Vereinigung eines Haupt- und Nebensammlers Höhen der Grabensohlen an der Einmündung: Hauptsammler = 52,48 Nebensammler = 52,60	▲ 52,58 0,50 % 10 cm 52,48 ◑ 8 cm 1,75% 52,60 6,5 cm	▲ 52,58 0,50 % 10 cm 52,48 ◑ 8 cm 1,75% 52,60 6,5 cm
Ausmündung 51,14 = Höhe der Drängrabensohle 51,09 = Jahresmittelwasser	51,14 51,09	51,14 51,09
Sauger einer Volldränung (Dränabstand = 14 m)	14	14
Tonmuffenrohre		

Zeichen für	in schwarzer Darstellung	in farbiger Darstellung

II. Bodenkarten

Zeichen für	in schwarzer Darstellung	in farbiger Darstellung	
Bohrlöcher	•7 •9	•7 •9	Zahlen fort-laufend
Schürfgruben	▬ 8	▬ 8	
Druckwasser	↙ ↙ ↙	↙ ↙ ↙	
Bodenflächen		A B C	Buchstaben fortlaufend
Grenzen der Bodenflächen	— — —	Farbstreifen, verschieden für jede Bodenfläche.	
Triebsand	Triebsand	Triebsand	
Nennenswerter Eisengehalt	Eisen	Eisen	
Pflanzenschädliche Bodenarten (z. B. Ort-stein oder andere)	Ortstein	Ortstein	

Zeichen für	in schwarzer Darstellung	in farbiger Darstellung

III. Bodendurchschnitte

Bodenarten:

Steine (> 20 mm)		G_2	dunkelzinnober
Kies, Grus (20—2 mm)		G_1	hellzinnober
Grobsand (2—0,2 mm)		S_2	dunkelgelb
Feinsand (0,2—0,02 mm) Körner noch erkenn- oder fühlbar		S_1	hellgelb
Triebsand	Tr	S_1	hellgelb mit schwarzem Tr
Gewöhnlicher Lehm		L	hellbraun
Schwerer (toniger Lehm)		$\underline{L}$	dunkelbraun
Gewöhnlicher Ton		T	hellviolett

Zeichen für	in schwarzer Darstellung	in farbiger Darstellung
Schwerer Ton		$\bar{\bar{T}}$ dunkelviolett
Humus (Moor)		H dunkelgrau
Kalk		K hellblau
Raseneisenstein, Ortstein		

Beimengungen	wenig		mittel		viel	
Steine	$\breve{g}_2$	+	g_2	++	$\bar{g}_2$	$\overset{+}{+}{}^{+}$
Kies, Grus	$\breve{g}_1$	o	g_1	oo	$\bar{g}_1$	$\overset{o}{o}{}^{o}$
Grobsand	$\breve{S}_2$	•	S_2	••	$\bar{S}_2$	∴
Feinsand	$\breve{S}_1$	·	S_1	··	$\bar{S}_1$	∴
Lehm	$\breve{l}$	/	l	//	$\bar{l}$	///
Ton	$\breve{t}$	ı	t	ıı	$\bar{t}$	ııı
Humus	$\breve{h}$	−	h	=	$\bar{h}$	≡
Kalk	$\breve{k}$	$\breve{k}$	k	k	$\bar{k}$	$\bar{K}$
Eisen	$\breve{e}$	$\breve{e}$	e	e	$\bar{e}$	$\bar{e}$

Die farbige Darstellung unterscheidet sich von der schwarzen nur dadurch, daß die schwarzen Zeichen für Beimengungen auf dem farbigen Untergrund der Hauptbodenart stehen.

<table>
<tr><td>Schwach lehmiger feiner Sand mit Ortstein-nestern</td><td>$\breve{l}S_1$</td><td> 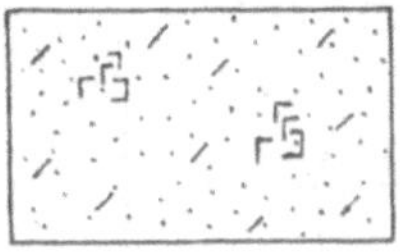</td><td>Feinsandiger (gewöhn-licher) Lehm</td><td>S_1L</td><td> 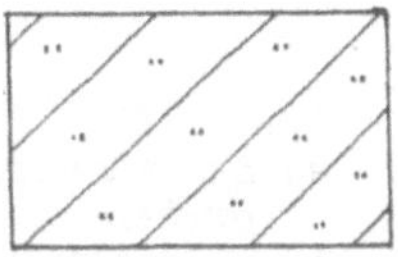</td></tr>
<tr><td>Stark lehmiger feiner Sand</td><td>$\bar{l}S_1$</td><td> 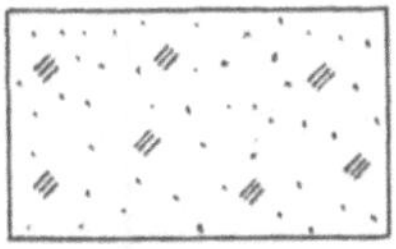</td><td>Schwach humo-ser schwerer Lehm</td><td>$\breve{h}\underline{L}$</td><td> 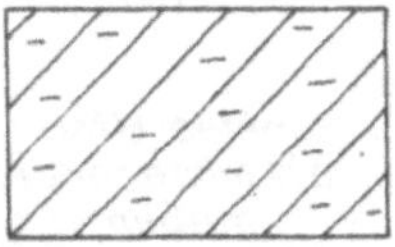</td></tr>
<tr><td>Stark humoser lehmiger fei-ner Sand</td><td>$\bar{h}lS_1$</td><td> 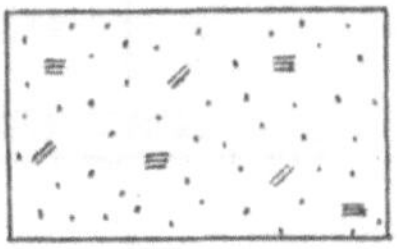</td><td>Humoser (ge-wöhnlicher) Ton</td><td>hT</td><td> 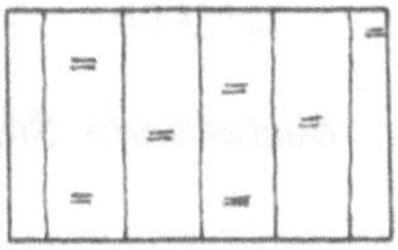</td></tr>
<tr><td>Schwach humo-ser toniger feiner Sand</td><td>$\breve{h}tS_1$</td><td> 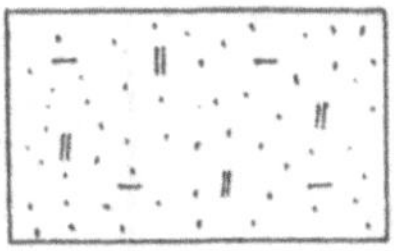</td><td>Feinsandiger Ton mit vie-len Steinen</td><td>$S_1\bar{g}_2T$</td><td> 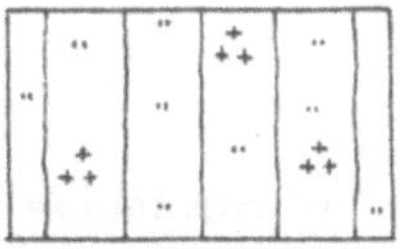</td></tr>
<tr><td>Stark eisenhal-tiger grober Sand</td><td>$\bar{e}S_2$</td><td> 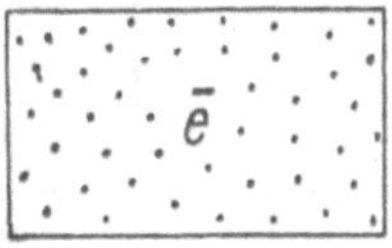</td><td>Schwach humo-ser eisenhal-tiger schwe-rer Ton</td><td>$\breve{h}e\bar{T}$</td><td></td></tr>
</table>

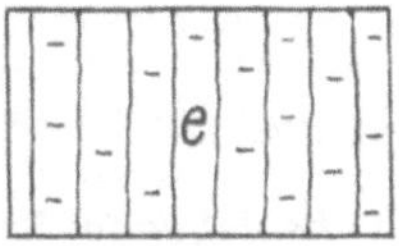

6 Schürfgrube

(4, 9, 12) Bohrlöcher

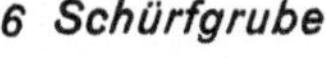 Grundwasserstand in der Schürfgrube

GH = G = Horizont (——— bei schwacher,
                 ═══ bei starker Ausbildung)
                 Andere Horizonte sind
                 entsprechend darzustellen

p_2 dichte Lagerung (Anlage A)

r Rißbildungen

d_3 vereinzelte Wurzeln (Anlage A)

 Dräntiefe und Dränabstand

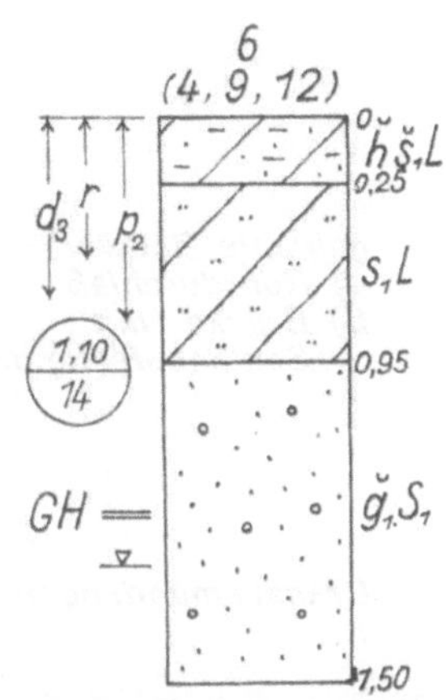

Zeichen für	in schwarzer Darstellung	in farbiger Darstellung

IV. Längsschnitte

Zeichen für	in schwarzer Darstellung	in farbiger Darstellung
linkes Ufer a) bestehender Seiten- graben b) geplanter Seiten- graben	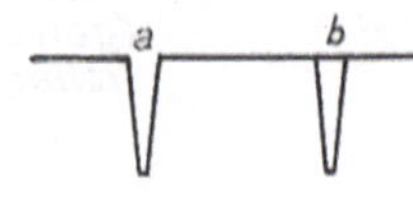	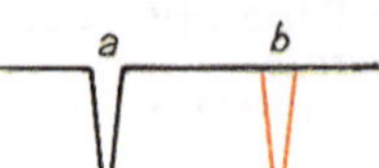
rechtes Ufer a) bestehender Seiten- graben b) geplanter Seiten- graben	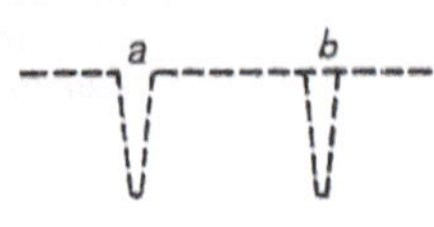	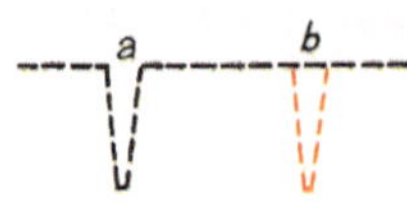
bestehende Sohle		
geplante Sohle		
Wasserstände		
bestehende Bauwerke a) Rohrdurchlaß b) Brücke (ohne Sohlenbefestigung)	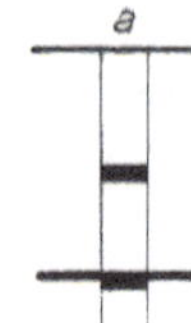	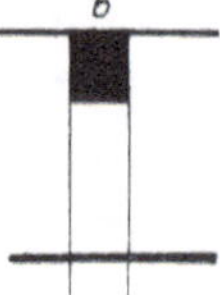
geplante Bauwerke a) Rohrdurchlaß b) Brücke (mit Sohlenbefestigung)	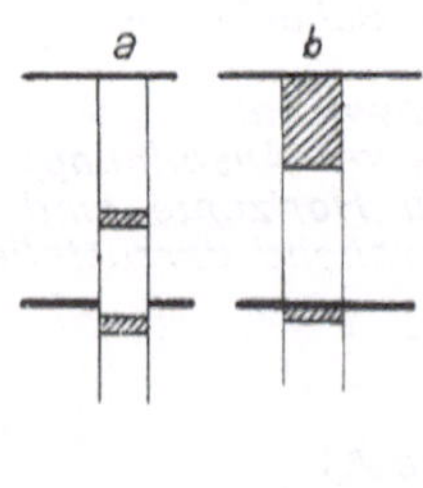	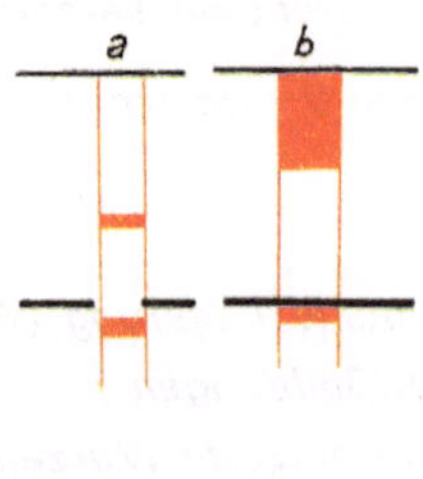
Dränausmündungen		

Additional material from *Anweisung für die Planung, Ausführung und Unterhaltung von Dränanlagen,* ISBN 978-3-662-35853-5, is available at http://Extras.Springer.com